新编21世纪职业教育精品教材
适用于学前·托育·早教专业

幼儿心理咨询与治疗

主　编／王志刚　熊　伟

中国人民大学出版社
·北京·

图书在版编目（CIP）数据

幼儿心理咨询与治疗 / 王志刚，熊伟主编. -- 北京：中国人民大学出版社，2021.11
新编 21 世纪职业教育精品教材
ISBN 978-7-300-29986-0

Ⅰ. ①幼… Ⅱ. ①王… ②熊… Ⅲ. ①儿童心理学－咨询心理学－职业教育－教材 Ⅳ. ① B844.1

中国版本图书馆 CIP 数据核字（2021）第 207356 号

新编 21 世纪职业教育精品教材
幼儿心理咨询与治疗
主编 王志刚 熊 伟
You'er Xinli Zixun yu Zhiliao

出版发行	中国人民大学出版社		
社 址	北京中关村大街 31 号	邮政编码	100080
电 话	010－62511242（总编室）		010－62511770（质管部）
	010－82501766（邮购部）		010－62514148（门市部）
	010－62515195（发行公司）		010－62515275（盗版举报）
网 址	http://www.crup.com.cn		
经 销	新华书店		
印 刷	北京昌联印刷有限公司		
规 格	185 mm×260 mm 16 开本	版 次	2021 年 11 月第 1 版
印 张	10.75	印 次	2021 年 11 月第 1 次印刷
字 数	196 000	定 价	29.00 元

前　言

随着生产力的发展，特别是人类社会整体步入后工业化社会以来，传统社会问题已经总体呈现从物质稀缺转向心理困扰的新态势。近些年来，因心理问题产生的种种社会问题充斥国内外诸多媒体。小到夫妻感情不和、亲子关系紧张、入学适应困难、学习困难，大到家庭暴力、校园欺凌、自杀自伤、危害社会公共安全，给人们的生命安全和生活幸福造成了严重威胁。国内外对青少年心理状况进行调研的结果显示：当代人类心理问题出现了低龄化、隐匿化的趋势，总体形势较为严峻。2018 年，英国广播公司报道，从 2014 年到 2018 年，英国 11 岁以下儿童心理健康治疗的数量多出了 1/3，其中最小的只有 3 岁。在我国，未成年人心理健康（全国）辅导中心 2017 年公布的数据显示，全国有近 3000 万名中小学生存在心理问题，突出表现为不会处理人际关系、情绪稳定性差、不能适应学习环境等。可以看出，儿童心理问题已经成为一个全球性问题。世界卫生组织预测，全球儿童心理障碍还会继续增长，将成为儿童群体致病、致残、致死的主要原因之一。

众所周知，幼儿期是人一生之中身体和心理生长发育最为迅速的时期，也是人格塑造和品行形成的关键时期。成年人产生的诸多严重的心理问题和精神障碍往往都可以追溯到其童年时代。总之，幼儿心理问题和精神障碍会对他们今后的学业成就、工作生活、社会交往产生深远影响。因此，尽早对幼儿采取针对性的干预措施可以有效预防其心理问题和精神障碍的产生。迄今为止，科学正规的幼儿心理咨询和治疗已经有百余年的发展历史，但是，在中国只经历了几十年的短暂时光。虽然从 2001 年到 2018 年国家人力资源和社会保障部组织了心理咨询师的职业资格培训和认定，但是，理论与实践的鸿沟暂时还难以迅速填平。与此同时，社会上出现了一些比较激进和追求外在形式吸引力的心理咨询与治疗方法，所造成的负面影响还有待进一步消除。

本书由山西师范大学现代文理学院王志刚和陕西学前师范学院学报编辑部熊伟主持编写。其中，王志刚负责全书五章初稿的撰写与统稿工作，熊伟负责三章部分初稿的撰写工作及全书修改定稿工作。全书由“绪论”（王志刚，熊伟）、“幼儿心理咨询与治疗的理论基础”（王志刚）、“幼儿心理咨询”（王志刚，熊伟）、“幼儿心理治疗”（王志刚，熊伟）、“幼儿常见心理问题咨询与治疗案例”（王志刚）五章组成。每章开篇都设置了学习目标、学习重难点、学习方法和教学建议，旨在帮助老师和学生形成知识框架、了解主要内容、对学和教的方法进行指导。多数章节中提供了典型案例、知识链接等，旨在帮助师生拓展相关知识。每章章末都提供了本章小结和同步练习，旨在帮助师生回顾本章主要内容，方便进行复习。另外，本书坚持在不影响科学逻辑性的基础上尽可能地对一些专业术语和概念进行通俗易懂的解释。希望本书能够引起广大家长和托幼机构从业人员对幼儿心理咨询与治疗相关问题的重视，也为即将走上工作岗位的专业从业人员提供关于幼儿心理咨询与治疗的必备理论、操作技术和方法。

本教材在编写过程中，参考并借鉴了国内外许多专家学者的观点，在此一并表示感谢。感谢中国人民大学出版社教育分社罗海林社长和策划编辑李剑老师对本教材立项和顺利出版的大力支持。

由于编者水平有限，本教材对幼儿心理咨询与治疗理论的理解把握和实践操作还存在不足甚至错漏之处，敬请学界同行和广大读者不吝批评指正，以便再版时修改完善。

编　者

2021 年 8 月

目 录

第一章　绪论

学习目标

1. 了解幼儿心理咨询与治疗的概念
2. 明确幼儿心理咨询与治疗的对象和范围
3. 了解幼儿心理咨询与治疗的历史与发展
4. 理解幼儿心理咨询与治疗中的伦理问题

学习重难点

1. 心理咨询与心理治疗的联系与区别
2. 正常心理与异常心理、心理健康与心理不健康的区分
3. 保密原则与保密例外

学习方法

1. 课前预习，温故知新
2. 在理解的基础上记忆，用好思维导图

教学建议

1. 在比较和理解的基础上准确记忆核心概念

2. 特别关注幼儿心理咨询与治疗中的伦理问题

随着科学技术的发展和社会文明的进步，心理咨询与治疗作为一门解决心理问题与心理障碍、增进人们心理健康的专业学科，在全世界范围内越来越受到人们的重视。当代社会，面对社会生产的高效率、社会生活的快节奏和思想观念的多元化，许多人在求学升学、入职升迁、交友恋爱、娶妻生子、教育子女、赡养老人等过程中面对各种各样的压力，产生诸多困惑，出现不同程度的心理问题。有些人的心理问题往往不能自行缓解，需要寻求心理咨询与治疗专业人员的帮助，从而解决心中疑虑或治愈心理疾病，重获信心和勇气，更好地适应和成长。

从毕生发展心理学的角度来看，人类个体的幼年期是从幼稚向成熟转变的关键时期。幼年期的儿童具有“有吸收力的心灵”“童年的秘密”，其身心健康会影响其一生。因此，所有家庭甚至全社会都应关注幼儿群体在身体和心理方面的全面发展与快速变化，对他们存在的实际心理问题提供相应的咨询和治疗，促进他们身心和谐健康发展。

1989 年，世界卫生组织提出“健康不仅是躯体没有疾病，还要具备心理健康、社会适应良好和道德健康。”① 2000 年，世界卫生组织将健康做了进一步的深化，提出了全面的健康观，指出人类个体健康包括生理健康、心理健康、良好的社会适应性、道德健康和生殖健康等五个方面的内容②。作为“心理健康的彼岸”，心理问题和心理障碍直接制约着人们健康水平的提升。因此，深入研究和正确干预幼儿的心理问题和心理障碍尤为迫切。

① 刘维良. 幼儿心理健康教育［M］. 北京：华文出版社，2004：12.

② 张潮. 教育心理学［M］. 北京：高等教育出版社，2018：270.

第一节　幼儿心理咨询与治疗概述

一、幼儿心理咨询与治疗的基本内涵

（一）心理咨询的概念

美国学者帕特森较早对心理咨询进行了定义，认为心理咨询是一种人际关系，在这种关系中，咨询人员提供一定的心理氛围和条件，使咨询对象发生变化，解决问题，并形成有独立人格、有责任心的个体，从而成为一个与社会、与他人和谐相处的人，并在这一过程中做一个有用的人。[①]我国的《心理学百科全书》中对心理咨询做了如下定义："咨询者就访谈对象提出的心理障碍或要求加以矫正的行为问题，运用相应的心理学原理及其技术，借助一定的符号，与访谈者一起进行分析、研究和讨论，揭示引起心理障碍的原因，找出行为问题的症结，探索解决的可能条件和途径，共同协商出摆脱困境的对策，最后使来访者增强信心，克服障碍，维护心理健康。"

1. 心理咨询是一种助人性人际关系

"助人自助"是社会工作的最基本原则，心理学工作者期望通过其帮助，使服务对象（来访者）增强其独立性，而非增强其依赖性，以能够在日后遇到类似的生活挫折和困难时，可以独立自主地加以解决。"助人自助"是心理咨询的核心要义。在心理咨询的过程中，咨询师扮演助人者的角色，来访者扮演接受帮助并获得成长的角色。咨询师帮助来访者更好地认识自己，更有效、幸福地生活，来访者接受咨询师的帮助，获得新的信息，习得新的行为，学会调节情绪和解决问题。

2. 心理咨询的目的是解决特定主体心理问题

在激烈的社会竞争中，许多人感受到"压力山大"，不堪重负的结果将会导致特定主体出现强迫、焦虑、恐惧、抑郁，甚至是自伤、自残、自杀现象。心理咨询就是帮助人们认识和解决特定心理问题尤其是心理障碍问题的过程。

3. 心理咨询是一种专业化活动

与日常生活中的"聊天"不同，心理咨询是咨询师运用专业心理咨询技术与方法，帮助来访者解决心理问题的过程。咨询师是经过专业训练并得到权威认证的专业人员，且帮助来访者解决的问题也只能是心理问题，或者是由心理问题引发的行为问题和躯体症状。当今社会，咨询心理学已经成为许多高校心理学专业的必修课程。

---

① 汤宜朗，许又新．心理咨询概论［M］．贵阳：贵州教育出版社，1999：3．

4. 心理咨询是一种社会服务

大量的心理学家正在从事咨询心理学的研究和实践。心理咨询的理论和实践成果正在广泛地服务于幼儿园、学校、医院、企业和教育机构，帮助遇到各种心理问题和遭受心理困扰的人们。

综上所述，所谓心理咨询就是咨询师运用心理学专业知识、技术和方法，对在心理适应过程中产生问题和困惑并寻求解决的来访者提供帮助，从而解决其心理问题，维护其心理健康，使其获得成长和发展的专业化活动。

（二）心理治疗的概念

《美国精神病学词汇表》将心理治疗定义为："在这一过程中，一个人希望消除症状，或解决生活中出现的问题，或因寻求个人发展而进入一种含蓄的或明确的契约关系，以一种规定的方式与心理治疗家相互作用。"美国精神科医生沃尔培格认为："心理治疗是由治疗师运用心理学的方法，来治疗与病人心理问题有关的工作。治疗师必须是受过训练的专业人士，他们尽心与病人建立治疗性的关系，试图消除病人心理与精神上的症状，使他们获得人格上的成长与成熟。"①

我国心理学家陈仲庚认为，"心理治疗是治疗师与来访者之间的一种合作努力的行为，是一种伙伴关系；治疗是关于人格和行为的改变过程。"钱铭怡教授将心理治疗定义为："心理治疗是在良好的治疗关系的基础上，由经过专业训练的治疗师运用心理治疗的有关理论和技术，对来访者进行帮助的过程，以消除或缓解来访者的问题或障碍，促进其人格向健康、协调的方向发展。"②

综上所述，心理治疗是指受过严格专业训练的心理治疗师，运用心理学专业方法和技术手段，帮助来访者缓解、克服心理障碍，进而维护其心理健康和人格健全的过程。

（三）心理咨询与心理治疗的关系

心理学家陈仲庚认为："心理咨询与心理治疗之间没有本质的区别。这就是说，在关系的性质上，在改变和学习的过程上，在指导的理论上都是相似的。如果要求两位专家，一位是心理治疗家，另一位是心理咨询家，各自提出他们实施专业工作的理论基础，你会发现所列的原则和依据十分相似，或有许多重叠之处。心理治疗和心理咨询，如果不是完全相同，至少是很相似的。两者如果有区别也只是人为的，而非本质的。"

---

① 雷秀雅．心理咨询与治疗［M］．北京：清华大学出版社，2010：5．

② 同①6-7．

心理咨询和心理治疗的共性在于：首先，两者都强调在良好的人际氛围中，运用心理学的方法和技术手段解决心理问题和心理障碍。其次，两者所依据的理论、方法和技术大都通用。精神分析、行为主义、认知心理、人本主义的理论和方法普遍应用于咨询和治疗的过程中。再次，两者所遵循的原则是一致，例如尊重、热情、真诚、共情、积极关注等，在两种工作中均应遵循。

心理咨询和心理治疗的区别主要体现在工作任务、工作对象和情景、工作方式、解决问题的性质和内容上。在工作任务方面，前者以发展性咨询为主，重在预防；后者以障碍性治疗为主，重在解决。在工作对象和情景方面，前者的来访者多为正常对象，一般在咨询机构进行；后者的来访者多心理异常，在临床和医疗环境下进行。在工作方式上，前者更多介入来访者的生活环境；后者多为成对会谈。在解决问题的性质和内容上，前者具现实指向性，以困惑和不适为主；后者涉及无意识，以障碍和疾病为主。

（四）幼儿心理咨询与治疗

幼儿心理咨询与治疗是心理咨询与治疗原理和方法在幼儿这一特殊年龄群体中的应用。由于幼儿正处于人生发展的早期阶段，先天遗传、亲子依恋、家庭教养、社会比较、入园入学等都影响着他们的心理健康和人格发展，从而表现出一些心理问题和障碍。如果童年的问题和创伤没有得到及时、有效的解决，将会影响其后续发展甚至一生的幸福生活。因此，很有必要对其进行专门研究。

二、幼儿心理咨询与治疗的对象与范围

长期以来，人们把心理正常和心理异常看成一枚硬币的正反面，似乎泾渭分明。实际上，心理正常和心理异常只是两个极端，如果把心理正常比作白色，心理异常比作黑色，在心理正常与心理异常之间还存在很大的一片灰色。人群中处于白色状态和黑色状态的均是少数，大部分人处于灰色区域。幼儿也是一样。在进行心理咨询和治疗的过程中，并不是所有来访幼儿的心理问题和心理障碍都能够获得完满解决。其中，对象上的适不适合很大程度上影响着咨询和治疗效果。

（一）适合进行咨询和治疗的幼儿

在进行咨询和治疗的过程中，心理问题和心理障碍的性质、来访幼儿的配合程度会对咨询和治疗产生一定的影响。那些有不良习惯、行为偏异、感觉统合失调、神经功能障碍的幼儿属于适合进行心理咨询和治疗的范围；而那些由于脑部受到外伤或遗传有器

质性病变的幼儿不属于心理咨询和治疗的范围。器质性病变是指多种原因引起的机体某一器官或某一组织系统发生的疾病，而造成该器官或组织系统永久性损害。此外，幼儿的以下特征也影响着咨询和治疗的效果。

1. 幼儿是否具有正常的智力

是否拥有正常的智力水平是影响咨询和治疗效果的首要因素。幼儿由于尚处于较为幼稚的阶段，心理发展的年龄特征决定了他们不一定能够参与智力测试，但是从他们的动作发展和语言发展方面可以大致推断其智力发展水平。拥有正常智力水平的幼儿能够与咨询师进行正常的沟通、游戏，完成咨询师和治疗师布置的“家庭作业”，对自己的行为和想法进行一定的解释。智力水平不正常的幼儿通常应考虑遗传、药物、分娩过程、外伤等对其的影响，不属于心理咨询和治疗的范畴。

2. 幼儿尤其是其监护人的求助动机

正常幼儿的身体和心理发展都比较迅速，其自我意识在慢慢发展，但远未达到成人的水平。很多幼儿尚缺乏对自身心理问题和心理障碍的发现能力，更不用说主动求助。所以，该阶段幼儿的监护人（通常是幼儿的父母）对幼儿的行为问题、心理问题和心理障碍的辨别能力和主动求助的动机直接决定着干预的及时性和幼儿的配合性，最终会影响到咨询和治疗的效果。

3. 幼儿的心理问题和心理障碍与咨询师（治疗师）的匹配

在心理咨询和治疗的过程中，不同的心理咨询师（治疗师）的个性特征、亲和力、研究专长等影响着与来访幼儿咨询（治疗）关系的建立和咨询（治疗）的效果。

（二）不适合进行咨询和治疗的幼儿

1. 咨询对象不合适

来访幼儿虽处于广义的幼儿期，但大致可以分为 0 ～ 3 岁的婴儿期和 3 ～ 6 岁的幼儿期。婴儿和幼儿在动作、语言、认知和社会性方面的发展差异较大，所产生心理问题和心理障碍的性质和具体表现各异。心理咨询师（治疗师）一般只关注处于某一年龄阶段幼儿的常见问题及解决，不及其余。

2. 咨询内容不合适

每位幼儿心理咨询师（治疗师）的专业出身（学前教育、心理咨询、特殊教育专业）、自身条件（性别、年龄、从业年限）等限制了其擅长的或感兴趣的咨询治疗领域。正所谓“术业有专攻”，咨询师（治疗师）如果发现咨询内容与自己的专长不符，可以考虑转介来访幼儿。

3. 咨询关系不合适

同成人心理咨询和治疗一样，幼儿心理咨询与治疗过程中对咨询关系是有明确要求的。如来访幼儿（包括幼儿家长）与心理咨询师（治疗师）存在亲戚、朋友、同事等咨询关系以外的关系，会使来访幼儿（尤其是幼儿家长）产生诸多顾虑，心理咨询师（治疗师）的客观、中立和专业性会受到影响，进而影响到咨询（治疗）效果。所以，遇到这种问题最好的解决办法就是转介。

三、幼儿行为障碍与行为偏差

国内外有关精神疾病诊断分类标准中提出了成人行为障碍的各种诊断指标，但是现实中幼儿的有些行为并没有达到临界值，属于行为偏差。如不良习惯、尿床、夜惊、恐惧、任性等，大都属于正常发展过程中的一些行为偏差和情绪表现，随着年龄的增长和教育干预会慢慢消失。

（一）心理正常和心理异常

心理正常是指具备正常心理功能的心理活动，或者是指不包含精神障碍症状的心理活动；心理异常是指有典型精神障碍症状的心理活动。我们平常所说的心理上"有病"和"没病"可以与心理异常和心理正常相对应。对于有没有"病"，心理咨询和心理治疗都很关注，但关注的动机和目的有所不同。前者侧重于鉴别，后者侧重于治疗，两者共同关注的是诊断。

（二）心理健康和心理不健康

从临床心理学的角度，我们把心理分为心理健康、心理不健康、心理异常三种状态[①]（三者之间关系参见图 1-1）。心理健康和心理不健康同属于心理正常的范围。心理咨询的主要范畴是针对心理不健康状态，心理治疗主要针对心理异常状态。但是，应当看到，心理健康、心理不健康、心理异常属于一个心理连续谱上的不同状态，难以精确区分。

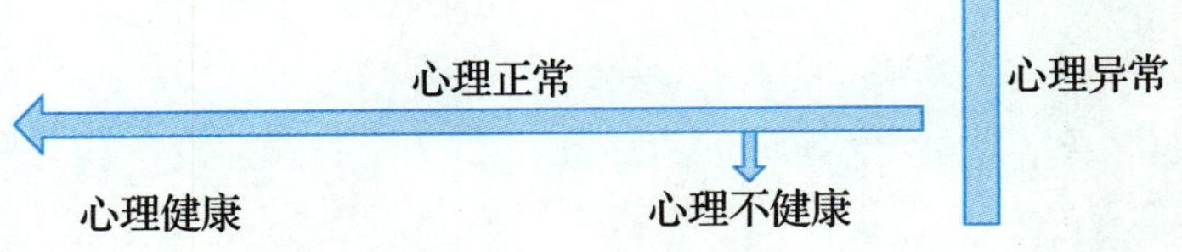

图 1-1　心理健康与心理不健康关系图示

① 郭念锋. 国家职业资格培训教程：心理咨询师（基础知识）[M]. 北京：民族出版社，2011：327.

（三）行为障碍和行为偏差

幼儿的行为问题与其遗传、环境、教育等因素密切相关。遗传素质、家庭氛围、教养方式、出生顺序、依恋类型、心理创伤等都有可能导致他们的行为障碍和行为偏差。婴幼儿阶段出现的吮吸手指、闹觉、夜惊、分离焦虑等虽有所偏差，但都是发展过程中的正常现象，随着年龄的增长逐渐消失。但是，注意缺陷多动障碍、感觉统合失调、神经功能障碍等不仅表现为行为偏异，且会妨碍其正常学习和生活，给幼儿和家长带来痛苦，应被考虑列为行为障碍。具体的临床诊断依据有：首先，有生活和社会功能受损，且损伤的原因主要是精神性的，如注意缺陷多动障碍；其次，持续时间长，一般不会随着年龄的增长消失；再次，许多问题与家族遗传有关，如神经功能障碍。

（四）幼儿行为偏差的表现

一般的行为偏差可以包括生理机能方面的问题，如大小便控制障碍；社会行为方面的问题，如侵犯行为；与人格有关的行为，如任性、怯懦等；行为习惯问题，如吸吮手指、咬指甲等。这些问题大都在某一年龄阶段常见（见表 1-1），以后逐渐消失或被新的行为取代。

表 1-1　21 个月～6 岁男女儿童的行为问题分布

行为问题	性别	21 个月	3 岁	3 岁半	4 岁	5 岁	6 岁
遗尿	男	+					
	女	+					
多梦	男						+
	女						
睡眠不安	男	+					
	女						
食欲不佳	男						
	女						+
饮食过分讲究	男		+				
	女	+	+	+			+
吮吸手指	男						
	女	+	+				
活动过多	男		+	+	+	+	
	女		+	+	+	+	

续表

行为问题	性别	21 个月	3 岁	3 岁半	4 岁	5 岁	6 岁
说谎	男			+	+	+	+
	女			+	+	+	+
过分敏感	男			+	+	+	
	女			+	+	+	+
对身体的羞涩感	男						
	女			+		+	
特殊性害怕	男		+	+	+	+	+
	女	+	+	+	+	+	+
阴郁	男					+	
	女						+
违拗	男			+		+	
	女				+		
发脾气	男	+	+	+	+	+	+
	女	+	+	+	+	+	+
嫉妒	男					+	
	女			+		+	
过分含蓄	男	-	-	-	-	+	+
	女					+	+

注：+ 表示该年龄组 1/3 以上儿童有上述症状；- 表示资料不全。
（资料来源：李雪荣．儿童行为与情绪障碍［M］．上海：上海科学技术出版社，1987.）

部分具有一般行为偏差的幼儿，因其具有多种症状表现，且持续时间长，可以诊断为持续行为偏差。根据上海地区提供的判别标准，在下列 28 种一般行为偏差症状表现中，如果一个幼儿同时具有其中 7 ～ 8 项，可被诊断为持续行为偏差：（1）拔头发或吸吮手指；（2）咬指甲或磨牙；（3）挖鼻孔；（4）口吃；（5）遗尿；（6）动作笨拙；（7）抽动症；（8）情绪易变；（9）过分哭闹；（10）不能与父母分离；（11）不愿意去上学；（12）怕陌生人；（13）多种恐惧；（14）暴怒；（15）任性；（16）在家待不住；（17）大声喊叫；（18）爱吵架；（19）打人；（20）攻击行为；（21）破坏性行为；（22）说谎；（23）过分依赖；（24）懒散；（25）不爱与同伴玩耍；（26）畏缩和屈从；（27）白日梦；（28）屏气发作（指不能满足要求时就大声哭闹，屏住气不呼吸，面色、口唇发紫，甚至抽搐）。①

① 朱家雄．学前儿童心理卫生［M］．北京：人民教育出版社，1994：100.

四、针对幼儿心理咨询与治疗的特殊问题

心理咨询与治疗的原理和规律适用于人的毕生发展。但是，在运用于幼儿这个特殊的年龄群体时，需要考虑幼儿的特殊性。

（一）注意疾病、躯体症状和行为的变化

与成人相比，幼儿行为与心理之间的对应关系较为明显。很多情况下，幼儿的躯体反应往往提示他们的心理障碍。心理咨询师和治疗师在进行工作的过程中应对幼儿的躯体反应加以注意，对幼儿监护人的身体症状也应适当注意。具体的注意事项包括：（1）了解幼儿的既往病史，那些早期患过肺炎、支气管哮喘、骨折等疾病的幼儿，他们的躯体症状有可能和在养病期间父母的过度照料有关；（2）了解幼儿主要监护人（尤其是父母）的家族史，幼儿的遗尿、感觉统合失调等躯体症状可能和家族遗传或剖宫产等有关；（3）注意观察幼儿即时的躯体症状，如疼痛、发烧、腹泻等，可能反映他们潜在的需求；（4）注意观察幼儿的主要监护人是否患有慢性疾病或躯体疾病，如神经衰弱、哮喘、头疼、口吃、面瘫、癫痫等，这些可能提示幼儿的某些行为障碍（如抽动症、恐惧等）。

（二）进行咨询和治疗的方式方法应符合幼儿身心发展的年龄特征

与幼儿建立咨询和治疗关系，不仅应考虑一些咨询和治疗的原理和技术方法的使用，更为重要的是应了解幼儿发展的年龄特征，走到他们的内心世界去，用他们的眼光，站在他们的角度思考问题。用心理咨询和治疗的术语来说就是要有“同理心”。所谓“同理心”，也译为“设身处地理解”“感情移入”“神入”“共感”“共情”，泛指心理换位、将心比心，换句话说就是设身处地地对他人的情绪和情感的认知性的觉知、把握与理解。主要体现在情绪自控、换位思考、倾听能力以及表达尊重等与情商有关的方面。设身处地、感同身受，说起来简单做起来难，更何况咨询师、治疗师与幼儿存在较大的年龄差。所以，一方面，幼儿心理咨询师和治疗师要加强对不同年龄幼儿身心发展特征的了解；另一方面，要多参加幼儿的活动，和他们一起玩，在共同活动的过程中认真观察和体会。

（三）重视家庭在幼儿心理咨询和治疗中的作用

与成人的心理咨询与治疗不同，对幼儿进行心理咨询与治疗必须考虑家长的参与。大部分幼儿的行为和心理问题与其家庭氛围、父母教养方式、家庭完整程度等紧密联系。首先，家庭成员对幼儿行为问题的重要性以及对心理咨询与治疗的认可度决定了他

们在发现幼儿存在行为障碍和偏差的时候是否会带幼儿寻求帮助和对咨询与治疗的配合度；其次，除一些必须由咨询师、治疗师和幼儿独立完成的任务外，咨询师和治疗师应鼓励来访幼儿的监护人（通常是父母）一起参与咨询与治疗过程；再次，在进行幼儿心理咨询与治疗的同时，可以针对幼儿的监护人开展家庭治疗或夫妻治疗。

第二节 幼儿心理咨询与治疗的历史和发展

从发展心理学的角度来看，心理学对儿童的关注早于成人。但是，从心理咨询与治疗的发展史来看，对成人的关注较为久远，儿童心理咨询与治疗的历史比较短暂。对异常心理的探讨可以追溯到古希腊，希波克拉底等人对心理异常现象做过较多的论述，认为人的心理和人格差异与人的体液性质密切相关，人之所以“疯狂”，是因为有害的体液流入大脑所致。[①] 公元 5—16 世纪，宗教对心理异常的朴素唯物主义观点持扼杀态度，导致极端神秘主义盛行，将心理和行为异常看作是魔鬼附体，通常采用隔离、禁闭、捆绑、鞭打、火烧等手段对待行为异常者。

自然科学的出现，使人们认识到行为和心理异常可能与大脑尤其是神经系统的功能有关。心理咨询与治疗作为一门主要针对各种心理障碍的病理机制进行研究和探索的学科诞生于 20 世纪初期，标志性的历史事件是美国宾夕法尼亚大学魏特默创办了第一个临床心理诊所并创立名为“临床心理学”的期刊。此后，儿童心理咨询与治疗才在美国广泛发展起来，逐渐在全世界产生了一定的影响。对儿童心理咨询与治疗的产生与发展起到重要作用的历史事件主要包括以下四项。

一、心理卫生运动

心理卫生的思想源远流长。无论是古希腊希波克拉底“医学的和谐与神圣的信条”，还是我国《黄帝内经·素问》中的“精神内守，病安从来?”，均表明古人已经在很早以前就开始关注心理卫生的问题。但是，回溯历史的长河，由于物质产品的相对匮乏、疾病的肆虐、科学技术的落后等，人们更加关注的还是身体的健康和卫生。直到 20 世纪初，心理卫生的概念才被明确提出，心理卫生运动也随之广泛开展起来。

20 世纪初，美国有一位公司的小职员名叫比尔斯，他的哥哥患有癫痫，发起病来昏倒在地，四肢抽搐，口吐白沫，他非常害怕他也会得这种病，终日惶恐不安，最终导致

① 郭念锋. 国家职业资格培训教程：心理咨询师（基础知识）[M]. 北京：民族出版社，2011：295.

他从四楼跳下，被人救起后送至精神病院进行治疗。在精神病院的三年，比尔斯经历了种种非人的待遇，目睹了病友们遭受的身心摧残。1908 年，出院后的比尔斯将自己在精神病院的所见所闻写成了一本名为《自觉之心》(*A Mind That Found Itself*) 的书，历数了精神病院的各种不公正的待遇和精神病人的悲惨境遇，详细记述了自己的病情、治疗和康复过程，向世人发出改善精神病患者待遇的呼声。比尔斯的呼吁受到了当时美国著名心理学家詹姆斯和精神病学家迈耶的关注和支持，同年成立了“康涅狄克州心理卫生协会”，次年在纽约成立了美国全国心理卫生委员会。1917 年该委员会创立了《心理卫生》杂志，宣传和普及心理卫生知识。1930 年在美国华盛顿召开了第一届国际心理卫生大会，包括中国在内的 53 个国家参加了这次大会。这次大会确定的宗旨是：完善从事慈善的、科学的、文艺的和教育的活动，尤其是世界各国人民心理健康的保持和增进，心理疾病、心理缺陷的研究、治理和防止，以及全人类幸福的增进。

二、心理动力学的发展

心理动力学的理论直接来源于弗洛伊德的精神分析学派。奥地利的医生西格蒙德·弗洛伊德通过对精神病人进行研究发现，人除了意识之外，还具有潜意识。在提出潜意识“冰山理论”的基础上提出了与之对应的人格结构：本我、自我和超我。继而在本我、性本能、心理性欲的基础上提出了人格发展理论。弗洛伊德认为，成人的人格变态直接地复写着童年的经历，而且这种经验主要来源于性本能。换句话说，成人期产生的种种精神症状和行为偏异是由童年期经历的心理创伤所致。这种观点对人们重视早期经验、重视儿童心理咨询和治疗起到了积极的推动作用。弗洛伊德不仅用他发现的精神分析原理来治疗精神障碍，同时也间接地、巧妙地影响着对儿童进行教养的行为。1909 年，弗洛伊德发表了“小汉斯”的个案研究报告，标志着心理动力学对于儿童问题的重视。但是，由于治疗过程过于烦琐且弗洛伊德主要是通过对小汉斯的父亲进行指导间接地对小汉斯进行治疗，虽然小汉斯的问题被成功解决，但是心理动力学的治疗方法并没有被推广应用。直到后来弗洛伊德的女儿安娜·弗洛伊德改进了儿童治疗的方法，心理动力学才被广泛接受。安娜·弗洛伊德对于儿童治疗的改进主要是以角色扮演替代了弗洛伊德提出的自由联想和释梦来解决儿童的心理问题。这一改进使心理动力学的治疗方法更加适用于年龄较小的儿童，同时也被后来的儿童心理咨询师与治疗师们广为借鉴。

三、行为主义的发展

20 世纪初对心理学发展影响最大的流派是行为主义心理学。行为主义心理学主张运用实验法研究“刺激－反应”之间的联结，对心理学、心理咨询与治疗产生了深远的影响。除了巴甫洛夫经典性条件作用、斯金纳的操作性条件作用、桑代克对学习规律的研究采用动物实验外，华生的恐惧实验、班杜拉的社会学习均选用幼儿进行。美国著名的行为主义心理学家华生以 7 个月大的阿尔伯特为被试，成功地进行了恐惧实验，证明了行为主义的“刺激－反应”原理，说明了幼儿是如何学会情绪反应的。班杜拉用“波波玩偶实验”研究了儿童的攻击性暴力行为，对儿童的观察学习、替代强化、自我强化等进行了深入研究，为其创建社会学习理论起了关键作用。行为主义的研究为幼儿心理咨询与治疗提供了理论支持和实验证据，有力地促进了幼儿心理咨询与治疗的发展。

四、心理测量运动的发展

20 世纪初出现的心理测量运动，积极推动了儿童心理咨询与治疗的发展。1903 年，法国国家教育部委托比奈和西蒙两位心理学家、医生筛查有智力障碍的儿童。经过研究，比奈和西蒙成功地编制了世界心理学史上第一个测查智力障碍儿童的测量工具——比奈－西蒙智力量表，首开运用心理测量技术研究儿童差异的先河。此后，美国斯坦福大学的推孟教授将比奈－西蒙智力量表进行了修订，形成了斯坦福－比奈智力量表，使测验更加适合美国儿童。后来，美国心理学家韦克斯勒编制了适用于学龄前儿童的韦克斯勒智力测验，用离差智商取代了比率智商，提高了测验的科学化水平。心理测量在当代幼儿心理咨询与治疗过程中得到了更为广泛的应用。在测量内容上，除了智商测验外，态度、气质、性格、行为测验也被陆续纳入。在测量技术上，先后出现了纸笔测验、操作测验和投射测验等方式，通过测验不仅可以了解幼儿的行为偏异和心理问题，还可以评价心理咨询和治疗的效果。

知识链接

1949 年韦克斯勒在他编制的儿童智力量表中首次采用了离差智商取代比率智商。这是因为比率智商的基本假定是智力发展和年龄增长成正比，是一种直线关系，但随着人年龄的增长，到 26 岁左右智商就停止增长进入高原期，所以比率智商不适用于年龄大的个体。离差智商采用了一种新的方法，放弃了智龄，采用了离差法。其基本原理是：把每个年龄段儿童的智力分布看成正态分布，被试的智力高低由其与同龄人的智力分布的离差的大小来决定。

我国的心理咨询与治疗，从20世纪30年代丁瓒先生进入北京协和医院从事心理学工作开始算起到现在还不到一百年的时间。在新中国成立以前，由于受战争的影响，心理咨询与治疗只开展了零星工作，虽然在职业指导、心理测量等方面做了一些尝试，终究不属于心理咨询与治疗的主流，未形成较大影响。50年代，中国科学院心理研究所、北京医学院、北京大学的专家相互配合，使用“快速综合疗法”治疗神经症和心身疾病，形成了新中国成立后心理咨询与治疗的良好开端。60年代，受“文化大革命”影响，心理学被定为伪科学，心理咨询与治疗处于被批判的地位。70年代中期，钟友彬等人尝试采用心理分析疗法治疗神经症，为创立认知领悟心理疗法奠定了基础。到了80年代，心理咨询与治疗重新焕发了生机和活力：部分医院相继开设心理咨询的科室和门诊，部分高校开设心理咨询与治疗专业并开展大学生心理咨询工作，中国心理学会医学心理学专业委员会成立，《中国临床心理学杂志》《中国健康心理学杂志》《中国心理卫生杂志》发表了诸多心理咨询与治疗的论文，全国大、中、小学的心理咨询机构普遍建立。

我国是拥有5000多年文明、14亿人口、960万平方公里国土的东方大国，如何将西方心理咨询与治疗的理论和方法中国化，适应时代的变化，对不同年龄阶段和不同地域文化特点来访幼儿进行针对性咨询和治疗，是幼儿心理咨询与治疗专业从业人员的责任。目前国内外心理咨询与治疗理论与实践虽然取得了长足的进步，但是相对于巨大的社会需求，仍有很大差距，尤其是在幼儿心理咨询与治疗方面，我国还处于起步阶段，有很长的路要走。

知识链接

快速综合疗法（rapid comprehensive therapy）是中国心理学和精神医学工作者在20世纪五六十年代联合开展的心理治疗方法。1958年曾在北京大学用这种方法对80例患神经衰弱的大学生进行治疗，1959年提出这一名称。其特点是在不影响患者的学业或工作的情况下进行；治疗时间尽可能短，一般为2周至4周；采用团体治疗和个别治疗相结合的方式；治疗措施强调综合性，将一切可能有效的方法综合使用，包括心理疗法、药物疗法、理疗、体育锻炼、生活制度的合理安排、劳动等①。治疗原则在于强调病人的自觉性和能动性，使患者掌握有关疾病的知识，并建立起对待该疾病及生活、学习或工作的正确态度。该疗法曾大量用于治疗神经衰弱，也有人用于高血压、慢性精神分裂症等的治疗。其中对神经衰弱的治疗最见成效。

① 林崇德. 心理学大辞典（上卷）[M]. 上海：上海教育出版社，2003.

第三节 幼儿心理咨询与治疗过程中的伦理问题

在进行心理咨询和治疗过程中，心理咨询师与治疗师必须遵守一定的伦理规范，从而达到最大限度地保护来访者的目的。在美国，所有的心理咨询师和治疗师都必须遵守有关法律和所属专业协会规定的准则，否则将失去从业资格、吊销专业执照并承担法律责任。美国心理学会的《心理学家的职业准则》、美国心理咨询学会的《道德准则和实践标准》、美国社会工作者协会的《道德准则》都明文规定了心理咨询和治疗过程中咨询师的职业道德标准。1999 年，中国心理学会和中国心理卫生协会联合下发了《心理治疗与心理咨询工作者道德规范准则》，对从业者的伦理道德提出了要求。2001 年 8 月，我国国家劳动和社会保障部批准实施了《心理咨询师国家职业标准》，提供了专业实践领域的具体标准，帮助从业者明确心理咨询和治疗过程中的职业操守，并明文规定了违反标准后相应的处罚。需要特别提出的是，幼儿心理咨询与治疗的对象是处于成长和发展过程中的人类幼年个体，他们的理解水平和能力还不足以使他们做出是否接受咨询和治疗的决定，也因未达到法定年龄不具备法律能力，常常是在家长的陪同下来访的，心理咨询师和治疗师在消除和缓解他们的心理问题和障碍、促进其人格健康、协调发展的过程中应时刻注意保护他们的权益。

一、咨询伦理

伦理是人们在处理人际关系时应遵守的准则和规范。心理咨询和治疗是通过人际互动实现的，其中的伦理道德问题不仅关乎着咨询和治疗的成败，还有可能对来访幼儿和家长造成一定的伤害。在心理咨询和治疗的过程中，心理咨询师和治疗师应始终将来访幼儿和家长的利益放在第一位。咨询伦理能够起到对内规范、保护咨询师自己和对外维护来访者权益、维护公众信任感的作用。

知识链接

《中国心理学会临床与咨询心理学工作伦理守则（第二版）》中对专业关系中的伦理做了如下规定：心理师应按照专业的伦理规范与寻求专业服务者建立良好的专业工作关系。这种工作关系应以促进寻求专业服务者的成长和发展、从而增进其利益和福祉为目的。

1.1　心理师应公正地对待寻求专业服务者，不得因其年龄、性别、种族、性取向、宗教信仰和政治立场、文化水平、身体状况、社会经济状况等因素歧视对方。

1.2　心理师应充分尊重和维护寻求专业服务者的权利，促进其福祉。心理师应当避免伤害寻求专业服务者、学生或研究被试。

如果伤害可避免或可预见，心理师应在对方知情同意的前提下尽可能避免，或将伤害最小化；如果伤害不可避免或无法预见，心理师应尽力使伤害程度降至最低，或在事后设法补救。

1.3　心理师应依照当地政府要求或本单位规定恰当地收取专业服务费用。

心理师在进入专业工作关系之前，要向寻求专业服务者清楚地介绍和解释其服务收费情况。

1.4　心理师不得以收受实物、获得劳务服务或其他方式作为其专业服务的回报，以防止引发冲突、剥削、破坏专业关系等潜在危险。

1.5　心理师须尊重寻求专业服务者的文化多元性。心理师应充分觉察自己的价值观，及其对寻求专业服务者的可能影响，并尊重寻求专业服务者的价值观，避免将自己的价值观强加给寻求专业服务者或替其做重要决定。

1.6　心理师应清楚地认识其自身所处位置对寻求专业服务者的潜在影响，不得利用寻求专业服务者对自己的信任或依赖剥削对方、为自己或第三方谋取利益。

1.7　心理师要清楚地了解多重关系（例如与寻求专业服务者发展家庭、社交、经济、商业或其他密切的个人关系）对专业判断可能造成的不利影响及损害寻求专业服务者福祉的潜在危险，尽可能避免与寻求专业服务者发生多重关系。

在多重关系不可避免时，应采取专业措施预防可能的不利影响，例如签署知情同意书、告知多重关系可能的风险、寻求专业督导、做好相关记录，以确保多重关系不会影响自己的专业判断，并且不会对寻求专业服务者造成危害。

1.8　心理师不得与当前寻求专业服务者或其家庭成员发生任何形式的性或亲密关系，包括当面和通过电子媒介进行的性或亲密沟通与交往。

心理师不得给与自己有过性或亲密关系者做心理咨询或心理治疗。一旦关系超越了专业界限（例如开始性和亲密关系），应立即采取适当措施（例如寻求督导或同行建议），并终止专业关系。

1.9　心理师在与寻求专业服务者结束心理咨询或治疗关系后至少三年内，不得与该寻求专业服务者或其家庭成员发生任何形式的性或亲密关系，包括当面和通过电子媒介进行的性或亲密的沟通与交往。

三年后如果发展此类关系，要仔细考察该关系的性质，确保此关系不存在任何剥削、控制和利用的可能性，同时要有可查证的书面记录。

1.10 当心理师和寻求专业服务者存在除了性或亲密关系以外的其他非专业关系，如果可能对寻求专业服务者造成伤害，心理师应当避免与其建立专业关系。

例如，因无法保持客观、中立，心理师不得与自己的朋友和亲人建立专业关系。

1.11 心理师不得随意中断心理咨询与治疗工作。心理师出差、休假或临时离开工作地点外出时，要尽早向寻求专业服务者说明，并适当安排已经开始的心理咨询或治疗工作。

1.12 心理师认为自己的专业能力不能胜任为寻求专业服务者提供专业服务，或不适合与寻求专业服务者维持专业关系时，应在和督导或同行讨论后，向寻求专业服务者明确说明，并本着负责的态度将其转介给合适的专业人士或机构，同时书面记录转介情况。

1.13 当寻求专业服务者在心理咨询与治疗中无法获益，心理师应终止这种专业关系。

若受到寻求专业服务者或相关人士的威胁或伤害，或寻求专业服务者拒绝按协议支付专业服务费用，心理师可以终止专业服务关系。

1.14 本专业领域内，不同理论学派的心理师应相互了解、相互尊重。

心理师开始服务时，如知晓寻求专业服务者已经与其他同行建立了专业服务关系，而且目前没有终止或者转介时，应建议寻求专业服务者继续在同行处寻求帮助。

1.15 心理师与心理健康服务领域同行（包括精神科医师/护士、社会工作者等）的交流和合作会影响对寻求专业服务者的服务质量。

心理师应与相关同行建立积极的工作关系和沟通渠道，以保障寻求专业服务者的福祉。

1.16 在机构中从事心理咨询与治疗的心理师未经机构允许，不得将自己在该机构中的寻求专业服务者转介为个人接诊的来访者。

1.17 心理师将寻求专业服务者转介至其他专业人士或机构时，不得收取任何费用，也不得向第三方支付与转介相关的任何费用。

1.18 心理师应清楚了解寻求专业服务者赠送礼物对专业关系的影响。

心理师在决定是否收取寻求专业服务者的礼物时需考虑以下因素：专业关系、文化习俗、礼物的金钱价值、赠送礼物的动机以及心理师决定接受或拒绝礼物的动机。

需要特别注意的是，伦理规范毕竟只是一种外部监督，容易流于形式。在一些心理咨询与治疗的实践过程中，有些咨询师和治疗师因害怕引起法律诉讼和不必要的麻烦而“不作为”，而不是考虑怎样做对来访者更好。一个负责任的专业心理师应该善于提出问题并与同事和督导讨论遇到的问题，咨询伦理不应是咨询师和治疗师逃避的理由。

二、保密原则

保密是与来访幼儿和家长建立信任和良好咨访关系的前提，也是一个法律和伦理道德问题。所有的心理咨询和治疗的伦理规范都会涉及保密的问题。遵守保密原则既是职业道德的要求，也是心理咨询与治疗本身的性质决定的。

知识链接

《中国心理学会临床与咨询心理学工作伦理守则（第二版）》中规定：心理师有责任保护寻求专业服务者的隐私权，同时明确认识到隐私权在内容和范围上受到国家法律和专业伦理规范的保护和约束。

3.1　在专业服务开始时，心理师有责任向寻求专业服务者说明工作的保密原则及其应用的限度、保密例外情况并签署知情同意书。

3.2　心理师应清楚地了解保密原则的应用有其限度，下列情况为保密原则的例外：（1）心理师发现寻求专业服务者有伤害自身或他人的严重危险；（2）不具备完全民事行为能力的未成年人等受到性侵犯或虐待；（3）法律规定需要披露的其他情况。

3.3　遇到3.2（1）和（2）的情况，心理师有责任向寻求专业服务者的合法监护人、可确认的潜在受害者或相关部门预警；

遇到3.2（3）的情况，心理师有义务遵守法律法规，并按照最低限度原则披露有关信息，但须要求法庭及相关人员出示合法的正式文书，并要求他们注意专业服务相关信息的披露范围。

3.4　心理师应按照法律法规和专业伦理规范在严格保密的前提下创建、使用、保存、传递和处理专业工作相关信息（如个案记录、测验资料、信件、录音、录像等）。

心理师可告知寻求专业服务者个案记录的保存方式，相关人员（例如同事、督导、个案管理者、信息技术员）有无权限接触这些记录等。

3.5　心理师因专业工作需要在案例讨论或教学、科研、写作中采用心理咨询或治疗案例，应隐去可能辨认出寻求专业服务者的相关信息。

3.6 心理师在教学培训、科普宣传中，应避免使用完整案例，如果有可辨识身份的个人信息（如姓名、家庭背景、特殊成长或创伤经历、体貌特征等），须采取必要措施保护当事人隐私。

3.7 如果由团队为寻求专业服务者服务，应在团队内部确立保密原则，只有确保寻求专业服务者隐私受到保护时才能讨论其相关信息。

作为咨询与治疗关系建立过程中的关键一环，保护来访幼儿的秘密是咨询师和治疗师的基本责任，也是咨询和治疗关系能够继续维持并收到良好效果的前提。在幼儿心理咨询和治疗的过程中，应在与来访幼儿家长介绍和沟通的过程中郑重提出。

三、多元文化中的咨询伦理

为了更好、更准确地了解来访幼儿，我们必须考虑文化和环境这两个变量。心理咨询和治疗的每种理论都代表着不同时代、不同文化、不同环境、不同世界观和不同价值观下对人类行为的假设，很多的理论和方法是基于欧美中产阶级男性白人来访者的研究结果。当这些理论和方法被应用于不同时代、不同地域、不同社会阶层、不同性别、不同肤色，甚至不同年龄阶段的来访者，结果可能会有很大差异。我国传统文化中的“中庸”“孝悌”“仁义”“家国天下”“以和为贵”等注重维护群体和谐的环境，而欧美文化中的“自由”“自我实现”等注重彰显个性、标新立异。主要体现在：第一，我国文化重礼仪、多委婉；欧美文化重独立、多坦率。第二，我国文化多自我交流、重心领神会；欧美文化少自我交流、重言谈沟通。第三，我国文化和谐胜于说服；欧美文化说服胜于和谐。这些文化和环境的不同会直接影响咨询和治疗理论和方法的应用。

进入21世纪，伴随着信息化社会的到来，传统文化日益受到外来文化的冲击，仅凭年龄、性别、家庭出身、经济条件等因素已无法准确判断来访幼儿和家长的态度倾向，人们普遍感受着多元文化带来的压力。无论是咨询师、治疗师，还是来访幼儿和他们的家长，都在文化倾向和环境影响方面体现出非常大的差异性。这对心理咨询师和治疗师的“价值中立”原则提出了现实挑战，需要他们与来访幼儿和家长进行充分的交流，在了解来访者心理问题的文化因素和环境因素的基础上试图改变这些社会因素，干预才可能真正起到作用。

四、诊断过程中的伦理问题

心理诊断最早发生在心理咨询师和治疗师与来访幼儿和家长的第一次会面时，在心理咨询的整个过程中起着重要的作用。“好的开始是成功的一半”，病人找医生看病，首先是接受医生这个人，接下来才能接受这个人的诊断和治疗，对于年幼的儿童和他们的家长来说更是这样。所以，心理诊断不仅仅是为了搜集整理资料、确定心理和行为问题的性质和程度的过程，更是建立良好咨访关系的开始。

评估和诊断是进行咨询和治疗的根据。如果咨询师和治疗师出于为了防止法律诉讼和不必要的麻烦而盲目进行各种心理测验，对测验结果随意评估和解释，就成为心理诊断过程中的伦理问题。一个称职的心理咨询师或治疗师应该能够利用心理测验的结果为诊断提供依据，又不能丧失专业判断力，滥用心理测验，随意解释测验结果。

知识链接

《中国心理学会临床与咨询心理学工作伦理守则（第二版）》中规定：心理测量与评估是咨询与治疗工作的组成部分。心理师应正确理解心理测量与评估手段在临床服务中的意义和作用，考虑被测量者或被评估者的个人特征和文化背景，恰当使用测量与评估工具来促进寻求专业服务者的福祉。

5.1　心理测量与评估的目的在于促进寻求专业服务者的福祉，其使用不应超越服务目的和适用范围。心理师不得滥用心理测量或评估。

5.2　心理师应在接受相关培训并具备适当专业知识和技能后，实施相关测量或评估工作。

5.3　心理师应根据测量目的与对象，采用自己熟悉的、已经在国内建立并证实信度、效度的测量工具。若无可靠信度、效度数据，需要说明测验结果及解释的说服力和局限性。

5.4　心理师应尊重寻求专业服务者了解和获得测量与评估结果的权利，在测量或评估后对结果给予准确、客观、对方能理解的解释，避免寻求专业服务者误解。

5.5　未经寻求专业服务者授权，心理师不得向非专业人员或机构泄露其测验和评估的内容与结果。

5.6　心理师有责任维护心理测验材料（测验手册、测量工具和测验项目等）和其他评估工具的公正、完整和安全，不得以任何形式向非专业人员泄露或提供不应公开的内容。

五、咨询中的双重和多重关系

咨询与治疗中的双重或多重关系是指咨询师、治疗师与来访者及其监护人除了咨访关系外，还有其他的人际关系，如亲戚、朋友、同事或其他私人关系或利益关系。当存在这种双重或多重关系时，咨询师和治疗师很难保持价值中立原则，一旦混杂了咨访关系以外的情感，直接影响咨询的效果和成败。《中国心理学会临床与咨询心理学工作伦理守则（第二版）》规定：“心理师要清楚地了解多重关系（例如与寻求专业服务者发展家庭、社交、经济、商业或其他密切的个人关系）对专业判断可能造成的不利影响及损害寻求专业服务者福祉的潜在危险，尽可能避免与寻求专业服务者发生多重关系。在多重关系不可避免时，应采取专业措施预防可能的不利影响，例如签署知情同意书、告知多重关系可能的风险、寻求专业督导、做好相关记录，以确保多重关系不会影响自己的专业判断，并且不会对寻求专业服务者造成危害。”

知识链接

价值中立是德国马克思·韦伯用语，与“价值相关”相对，是指在确立了研究对象之后，必须放弃任何主观的价值观念，严格以客观、中立的态度进行观察和分析，从而保证研究的客观性和科学性。研究者关心的是事实的陈述，而不是对事物作好坏评价的观点。它的另一层含义则是区分事实领域与价值领域、事实判断与价值判断。因而，我们并不能简单地从“是”与“不是”推论出“应该”与“不应该”。

在处理双重和多重关系时，最好在开始的时候就避免这种关系，由心理咨询师和治疗师进行转介。但是，人际关系不是静态的，是随着时间和社会关系的发展不断变化的，有些时候无法避免。处理双重和多重关系的关键是把危险最小化，充分权衡潜在的利益和潜在的伤害。当伤害的危险较高时，需要在督导的监督下进行。

本章小结

本章在对心理咨询与心理治疗概念进行辨析的基础上提出了幼儿心理咨询与治疗的概念，确定了幼儿心理咨询与治疗的对象和范围，列举了幼儿行为障碍和行为偏差的种种状况，分析了幼儿心理咨询与治疗的特殊问题，梳理了幼儿心理咨询与治疗的发展脉络，对幼儿心理咨询与治疗中的伦理问题进行了阐述。

同步练习

一、名词解释

1. 心理咨询
2. 心理治疗
3. 幼儿心理咨询与治疗

二、简答题

1. 简述心理咨询与心理治疗的关系。
2. 简述心理卫生运动的历史。
3. 简述心理测量运动的兴起与发展。

三、讨论题

1. 结合所学知识，分析幼儿在心理咨询和治疗过程中有哪些特殊性。

2. 有人说：“心理健康就是心理正常，心理不健康就是心理有病。”你认为该判断正确吗？为什么？

第二章 幼儿心理咨询与治疗的理论基础

学习目标

掌握心理咨询与治疗主要流派的核心理论观点和代表性实验

学习重难点

1. 安娜·弗洛伊德和其他精神分析学派成员对幼儿心理咨询与治疗的贡献
2. 罗杰斯的来访者中心疗法
3. 鲍尔比的亲子关系理论
4. 韦特默的格式塔心理学思想

学习方法

在理解的基础上进行记忆，在记忆的基础上思考如何应用

教学建议

1. 精心梳理心理学主要学派的理论发展脉络

2. 举例说明心理咨询与治疗主要流派理论在幼儿心理咨询与治疗中的简单应用

心理咨询与治疗是面向应用的方法和技术。然而，每一种咨询与治疗的方法和技术都有其理论来源和研究基础。这些理论和研究中的原理、方法和技术从不同角度、不同程度上影响着心理咨询与治疗的发展。因此，对幼儿进行心理咨询与治疗，必须在深入了解当代心理咨询与治疗的原理、方法和技术的基础上，结合幼儿身心发展的特点和规律，充分考虑幼儿的年龄特征和个别差异，这样才能收到较为满意的咨询和治疗效果。

表 2–1　心理咨询与治疗流派一览表

学派	代表人物	关键词
精神分析	弗洛伊德、埃里克森、安娜·弗洛伊德	潜意识的“冰山理论”、人格结构理论、人格发展理论、梦的理论、催眠和自由联想、心理社会危机、人生八阶段、发展路线、情结、人际、投射
行为主义	桑代克、巴甫洛夫、斯金纳、华生、班杜拉	刺激－反应、联结、试误、经典性条件反射、操作性条件反射、观察学习、替代强化
人本主义	马斯洛、罗杰斯	需要层次、来访者中心疗法、理想自我
认知心理学	皮亚杰、鲍尔比	认知、图式、同化、顺应、平衡、亲子关系
完形心理学	韦特默、科勒	完形、知觉结构、顿悟

第一节　精神分析理论

精神分析（psychoanalysis）又称心理分析、动力心理学、心理动力学或深蕴（底蕴）心理学（depth psychology），是现代西方心理学中最为重要的派别之一，是成立最早的现代心理治疗流派，也是影响最大的疗法之一。与其他心理学派不同，精神分析不是在大学和科研机构里产生和发展起来的，它的研究内容是变态行为和心理，采用的方法是临床观察、个案研究而不是实验室实验，但这些特征并没有影响精神分析在心理咨询与治疗领域的重要地位和作用。“精神分析”一词大致有三方面的含义：一是知识和理论；二是研究人的心理的一种方法；三是一种心理治疗技术手段。[①] 精神分析理论由弗洛伊

① 石向实. 心理咨询的原理与方法［M］. 杭州：浙江大学出版社，2010：96.

德创立，荣格、阿德勒、霍妮、埃里克森、安娜·弗洛伊德对其进行了发展，在心理咨询与治疗方面应用广泛。

一、弗洛伊德的古典精神分析

奥地利医生、精神病学家西格蒙德·弗洛伊德是精神分析学派的创始人。弗洛伊德自幼智力出众，成绩优异，1881年获医学博士学位，次年婚后由于经济困难放弃从事科学研究的愿望，以临床神经病学家的身份开始私人营业，与好友布雷尔一起讨论病例。一位叫安娜·O.的患者的病例在其精神分析理论的发展中发挥了重要作用。安娜·O.有严重的歇斯底里症状。布雷尔发现在催眠状态下患者能回忆起一些似乎可以引起症状的特殊经验，而且谈起这些经验可以解除相应的症状。例如，患者有不能用玻璃杯喝水的症状。在催眠状态下，她回忆起小时候看到过一只狗从玻璃杯里饮水。当她向布雷尔讲了这个故事后就可以用玻璃杯喝水了，而且不能用玻璃杯喝水的症状从此消失。安娜·O.认为是她和布雷尔的谈话治好了她的病，后来这种谈话方法被称作“疏导法”[①]。

知识链接

歇斯底里症候群又称癔病或癔症，是一种较常见的精神疾病。其表现为在一定精神状况或存在外部诱因的情况下，病人由于恐惧而无法控制自己的行为。发病年龄多数在16至30岁之间，女性远多于男性。由于歇斯底里患者会出现一些如痉挛、月经不调、恶心、呕吐、头痛、头昏、全身乏力等症状，而且多发生于年轻未婚女性中，因此西方国家多以子宫的移动来说明此症，并根据子宫的原名来为此症命名。

1885年，弗洛伊德到法国向当时著名的神经病学家沙可学习。沙可认为许多患者的精神障碍都有性的原因，这一论断深深地影响了弗洛伊德。弗洛伊德经过不断的实践，发现催眠有诸多局限，逐渐放弃了心理治疗中催眠方法的运用，但是保留了疏导法。在此基础上，他慢慢摸索出了精神分析中最重要的自由联想技术。自由联想技术就是让来访者躺在舒服的沙发床上，咨询师坐在来访者头顶上方，任由来访者自由随意地将自己的想法说出来，不论这些想法是否符合逻辑，是否真实或可笑，通过自由联想，弗洛伊德的来访者们报告了很多压抑在自己内心深处的童年往事，而且有许多和性有关。

① 石向实. 心理咨询的原理与方法［M］. 杭州：浙江大学出版社，2010：96.

知识链接

催眠是指催眠师向被试提供暗示，以唤醒他的某些特殊经历和特定行为。许多心理学家认为，催眠与其他一般状态是相似的，包括放松、全神贯注和联想。在催眠状态下，一个人可能经历“在感知、思维、记忆和行为上的一些改变”，包括暂时的麻痹、幻觉和忘记“对催眠术医师的暗示做出反应”。

（资料来源：D Alan Bensley. 心理学批判性思维［M］. 李小平，译. 北京：中国轻工业出版社，2005：74-79.）

1887 年，弗洛伊德开始进行自我分析（见图 2-1），他把自我分析当作了解自己和来访者的有效方法。他发现在梦中包含着许多精神障碍原因的线索，认为梦中的事件不是没有意义，而是由每个人无意识中的东西引起的。他开始研究自己的梦境，然后进行自我联想，最终出版了《梦的解析》一书，标志着精神分析理论的形成。1900 年以后，弗洛伊德发展了他的精神分析思想，出版了大量的著作，越来越多的人接受他的观点。

图 2-1　弗洛伊德和他的潜意识

弗洛伊德的精神分析理论主要包括潜意识的“冰山理论”、人格结构理论、人格发展理论以及梦的理论。

（一）潜意识的“冰山理论”

潜意识的“冰山理论”是弗洛伊德精神分析理论的基础。弗洛伊德发现人的心理过程主要是无意识的。他将人的精神活动分为两个独立的组成部分：意识和无意识，其中无意识又可分为前意识和潜意识。意识（consciousness）是人们直接感知到的心理现象，是心理结构的表层，在弗洛伊德的理论中不是主要探讨的内容，只是一个人心理活动有限的外显部分。在潜意识的“冰山理论”中，如果把人的心理活动比作一座冰山，那么意识只是冰山露在海平面以上的一小部分，海平面以下才是冰山的主体——无意识（见图 2-2）。

图 2-2　潜意识“冰山”

前意识（preconsciousness）是介于意识和潜意识之间的一部分，主要由可以经由回忆进入到意识的经验构成，前意识在意识和潜意识之间执行警戒任务，阻止潜意识中的本能冲动进入意识。前意识中的观念不属于意识，但随时能够变成意识。

潜意识（unconsciousness）是人的心理活动的深层结构。它包括两重含义：一个是指人们不能意识到自己一些行为的真正原因和动机，另一个是指人们在清醒的意识下还在进行着的潜在心理活动。在后一重含义中的组成主要是原始的本能和冲动，因与社会道德法律的准则相违背无法直接得到满足，只好被压抑在潜意识中。这些无法得到满足的本能冲动和欲望并不是被动地、僵死地待在那里，而是在潜意识中积极活动着，时刻需要满足着的。

在人的心理活动中，意识、前意识和潜意识之间保持着动态的平衡。意识和前意识之间虽然有明确的界限但不是无法逾越，意识的内容和前意识的内容可以进行相互转换；前意识和潜意识虽都属于无意识，但前者处于无意识的表层，后者处于无意识的深层，前意识把守心理活动的关口，防止潜意识的本能和欲望进入意识。当前意识放松警惕的时候，潜意识中的本能和欲望会借助伪装进入意识。

弗洛伊德指出，人的心理活动的力量主要来自无意识，无意识操纵和支配着人的思想和行为，任何意识都要受到无意识的影响。将传统心理学对人类精神现象的了解扩展到了无意识领域是精神分析学派的重要贡献。

（二）人格结构理论

以潜意识的“冰山理论”为基础，弗洛伊德提出了由本我（id）、自我（ego）和超我（super-ego）构成的人格结构理论（见图 2-3）。

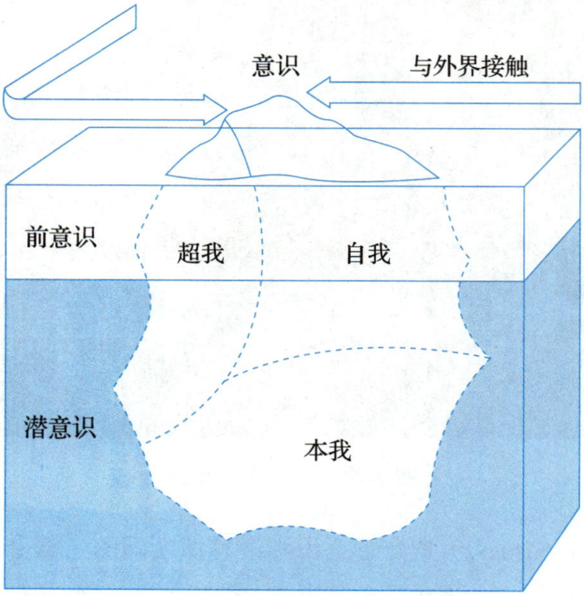

图 2-3　本我、自我与超我

“本我”是人格的基本结构，代表追求生物本能欲望的人格结构部分，在个体获得外部经验之前就存在于内部世界，服从“快乐原则”，要求毫无掩饰与约束地寻求基本的生理需要，无所谓道德和价值判断，一味寻求满足。一旦被压抑，就会出现烦躁和焦虑。

“自我”被界定为调节“本我”和外界关系的那部分人格，属于人格中意识结构部分。“自我”由“本我”的一部分延伸而来，不否定“本我”的要求，也不盲目受“快乐原则”支配，而是在“现实原则”的指引下感知外界刺激、了解周围环境，储存得来的经验，对“本我”进行指导和管理，决定是否应该满足“本我”的要求。

“超我”被界定为道德化了的“我”，是从“自我”基础上发展起来的，被认为是人格结构中最后形成的，也是最文明的“我”。“超我”服从“理想道德”原则，指导“自我”的同时限制“本我”，反映着儿童生长起来的那个社会的道德要求和行为准则。弗洛伊德认为，“超我”是双亲权威的内化，主要执行着父母早年行使的职权。其中，父母行使惩罚的职权，成为“超我”中的“良心”；行使奖励的职权，变成了“超我”中的“自我理想”。“自我理想”决定道德行为的准则，“良心”负责对违反道德准则的行为进行惩罚。①“自我理想”和“良心”共同对“自我”进行监督和控制。

“本我”“自我”“超我”之间不是静止的，而在不断进行交互作用。“自我”在“超我”的监督下，根据现实原则调控“本我”冲动的表现和满足。如果“自我”能够很好地协调“本我”和“超我”之间的冲突，那么这个人的人格就是健康的；如果“自我”无法调节“本我”和“超我”之间的冲突，就会导致心理失常。有研究者形象地将弗洛伊德提出的“本我”比作一匹野马，“超我”比作目的地，“自我”比作骑手，是“自我”这个骑手驾驭“本我”这匹野马向“超我”行进。这个比喻凸显了自我对本我和超我的协调。

（三）人格发展理论

弗洛伊德认为：“一个被精神分析宣布为它的发现之一的断言，就是肯定那些不论就狭义还是广义来说，人们都只能称之为性的本能冲动在神经和心理的疾病成因中都起着一种不平凡的巨大作用……”他认为以性欲为基础的种族保存的本能背后有一种潜力（驱力）叫做力比多。他把力比多称为性力，是一种力量、一种本能。力比多驱使人寻求快感的满足，为人的行为提供动力。弗洛伊德将人类的性欲分成生理性欲和心理性欲。生理性欲在青春期后出现，通过性生活获得满足；心理性欲产生在青春期之前，从婴儿期就开始，心理性欲的满足物化在人的一些器官上。在此基础上弗洛伊德将人从出生到青春期的人格发展按心理性欲划分了五个阶段，分别是口唇期、肛门期、性器期、潜伏期和性征期。

1. 口唇期（0～1岁）

口唇期是弗洛伊德人格发展理论中最早的一期，相当于我国发展心理学界提出的乳儿期。这一时期，婴儿探索世界的主要器官是嘴，嘴同时也是快感获得、心理性欲获得满足的物化器官。这时婴儿会吮吸乳汁、吃手指、吃脚趾……长牙后开始咬牙、咬其他

① 雷秀雅．心理咨询与治疗［M］．北京：清华大学出版社，2010：39．

东西，从而满足自己的快感。

2. 肛门期（1～3岁）

此期的婴儿，开始能够控制自己的大小便。心理性欲和快感的满足从嘴转到了肛门，从排便和忍受的过程中获得快感和满足，主要体现为排便所需肌肉的紧张与放松，从而形成对自身的控制。

3. 性器期（3～6岁）

性器期的主要表现是幼儿已经能够分辨两性的不同了。从一开始对两性外生殖器不同的辨别到从两性不同的体型体貌特点、发型、服饰等。此期幼儿产生对异性父母的爱恋和对同性父母的嫉妒，弗洛伊德称之为“俄狄浦斯情结”或“恋母情结”。同时，生殖器部位的刺激成为幼儿快感满足的来源。

4. 潜伏期（6～12岁）

此期的儿童已进入小学，性欲倾向受到压抑，快感的满足主要来自对外部世界的兴趣。在人际交往方面表现出来的特点是“异性相斥”“同性相吸”。在这个阶段的末期儿童慢慢进入青春期。

5. 性征期（12～18岁）

性征期对应我们通常说的青春期。此期青少年的兴趣逐渐由同性转向异性，随着性生理的发展开始出现性冲动和性压抑，常常表现在性幻梦中，性心理逐渐发展。

弗洛伊德认为，人在上述每个阶段的心理性欲的发展都会影响其将来的人格形成，甚至会成为成年期心理疾病的根源。如果性心理的发展不能顺利进行，就会停滞在某一发展阶段，称之为固着；如果性心理受挫后从高级发展阶段倒退到低级发展阶段，称之为退行。固着和退行均可导致心理异常，发展为神经症和精神病。

（四）梦的理论

真正使弗洛伊德享誉全世界的是他对梦的研究，他的《梦的解析》被译成各国文字传播到世界许多国家。弗洛伊德把梦解释为“是一种愿望达成，它可以算是一种清醒状态精神活动的延续”。他认为梦的意义在于愿望的满足。不论是简单的梦还是复杂的梦，可以使人的愿望在梦中得到满足，可以维持精神的平衡、保护睡眠不受干扰。儿童的心理比较单纯，所做的梦也就单纯。他认为就如同我们通过研究低等动物的构造从而了解高等动物一样，可以从儿童的梦了解成人的梦。儿童的梦简朴、明白、易懂、未曾化装或很少化装，分析起来不需要太多技术。通过梦可以增进对儿童的了解[①]。

① 雷秀雅．心理咨询与治疗［M］．北京：清华大学出版社，2010：43．

二、埃里克森的新精神分析

埃里克森是美国著名的精神病医师，新精神分析学派的代表人物。他发展、修正并超越了弗洛伊德的经典精神分析学派理论，提出了心理社会发展阶段理论。

（一）埃里克森心理社会发展阶段理论概述

埃里克森的人格发展学说既承认性本能和生物因素的作用，又强调文化社会因素在心理发展中的作用。他认为人的心理危机是个人的需要与社会的要求不相适应乃至失调所致，故称为心理社会危机。要克服心理社会危机，须依赖心理社会经验。归根结底，是社会环境决定着心理危机能否得到积极的解决。因此，埃里克森的人生发展阶段理论称为心理社会发展阶段理论，以区别于弗洛伊德的心理性欲发展阶段理论。①

埃里克森主张人的一生可分为既连续又各不相同的八个阶段，这八个阶段以不变的序列发展着；每一个阶段都有其特定的发展任务；每个阶段都带有普遍性的心理社会危机。他在描述各个阶段的发展时，把重点置于自我在人格发展中的主导地位上。自我功能发展得好不好，发展任务完成得成功与否，会使人格品质出现成功与不成功两种极端差别，即积极的或消极的人格品质。靠近成功的一端，就形成积极的人格品质；靠近不成功的一端，就形成消极的人格品质。他也强调指出，每个人的人格品质，并不是只能居于两极端之一，而更多的是处于两端之间的某一位置上。

（二）埃里克森人格发展阶段划分

埃里克森关于人格发展阶段的划分如下（见表 2–2）：

表 2–2　埃里克森人生八阶段发展理论

	主要发展任务	良好的人格品质
1. 婴儿前期（0 ～ 1.5 岁）	信任 VS 怀疑	希望
2. 婴儿后期（1.5 ～ 3 岁）	自主 VS 羞耻	意志
3. 幼儿期（3 ～ 6 岁）	主动 VS 内疚	目标
4. 童年期（6 ～ 12 岁）	勤奋 VS 自卑	能力
5. 青少年期（12 ～ 18 岁）	自我同一性 VS 角色混乱	诚实
6. 成年早期（18 ～ 25 岁）	亲密 VS 孤独	爱

① 郭念锋. 国家职业资格培训教程：心理咨询师（基础知识）[M]. 北京：民族出版社，2011：205.

续表

	主要发展任务	良好的人格品质
7. 成年中期（25～65岁）	繁衍VS停滞	关心
8. 成年晚期（65岁以后）	完善VS失望、厌恶	智慧

（1）婴儿前期（0～1.5岁）。信任和怀疑的心理冲突。这一时期，不要错误地认为婴儿是一个不懂事的“小动物”，只要吃饱、不哭就行。这是基本信任和怀疑的心理冲突期，因为这时婴儿已经开始认识人了，当婴儿哭或饿时，父母是否出现直接关系到信任感的建立。信任在人格中形成了“希望”这一品质，它起着增强自我力量的作用。具有信任感的婴儿敢于希望，富于理想，具有强烈的未来定向。反之则不敢希望，时时担忧自己的需要得不到满足。埃里克森把希望定义为：“对自己愿望的可实现性的持久信念，反抗黑暗势力、标志生命诞生的怒吼。”

（2）婴儿后期（1.5～3岁）。自主与羞耻的冲突。这一时期，婴儿掌握了大量的技能，如爬、走、说话等。更重要的是他们学会了怎样坚持或放弃，也就是说婴儿开始“随心所欲”地决定做什么或不做什么。这时候父母与子女的冲突很激烈，也就是第一个反抗期的出现，一方面父母必须承担起控制婴儿行为使之符合社会规范的任务，即养成良好的习惯，如训练儿童大小便，使他们对随地大小便感到羞耻，训练他们按时吃饭、节约粮食等；另一方面婴儿的自主感开始发展，他们坚持自己的进食、排泄方式，所以训练良好的习惯不是一件容易的事。这时婴儿会反复应用“我”“我们”“不”来反抗外界控制，而父母决不能听之任之、放任自流，这将不利于他们的社会化。反之，若过分严厉，又会伤害婴儿的自主感和自我控制能力。如果父母对婴儿的保护或惩罚不当，婴儿就会产生怀疑，并感到害羞。因此，把握住“度”的问题，才有利于在婴儿人格内部形成“意志”这一品质。埃里克森把意志定义为：“不顾不可避免的害羞和怀疑心理而坚定地自由选择或自我抑制的决心。”

（3）幼儿期（3～6岁）。主动与内疚的冲突。在这一时期如果幼儿表现出的主动探究行为受到鼓励，幼儿就会形成主动性，这为他将来成为一个有责任感、有创造力的人奠定基础。如果成人讥笑幼儿的独创行为和想象力，那么幼儿就会逐渐失去自信心，这使他们更倾向于生活在别人为他们安排好的狭窄圈子里，缺乏自己开创幸福生活的主动性。当幼儿的主动感超过内疚感时，他们就有了“目标”的品质。埃里克森把目的定义为：“一种正视和追求有价值目标的勇气，这种勇气不为幼儿想象的失利、罪疚感和惩罚的恐惧所限制。”

（4）童年期（6～12岁）。勤奋对自卑的冲突。这一阶段的儿童都应在学校接受教育。学校是训练儿童适应社会、掌握今后生活所必需的知识和技能的地方。如果他们能顺利地完成学习课程，他们就会获得勤奋感，这使他们在今后的独立生活和承担工作任务中充满信心。反之，就会产生自卑。另外，如果儿童养成了过分看重自己的工作的态度，而对其他方面木然处之，那么，他们的生活是可悲的。埃里克森说："如果他把工作当成他唯一的任务，把做什么工作看成是唯一的价值标准，那他就可能成为自己工作技能和老板们最驯服和最无思想的奴隶。"当儿童的勤奋感大于自卑感时，他们就会获得有"能力"的品质。埃里克森说："能力是不受儿童自卑感削弱的，完成任务所需要的是自由操作的熟练技能和智慧。"

（5）青少年期（12～18岁）。自我同一性和角色混乱的冲突。一方面，青少年本能冲动的高涨会带来问题，另一方面更重要的是青少年面临新的社会要求和社会的冲突而感到困扰和混乱。所以，青少年期的主要任务是建立一个新的同一感或自己在别人眼中的形象，以及他在社会集体中所占的位置。这一阶段的危机是角色混乱。"这种同一性的感觉也是一种不断增强的自信心，一种在过去的经历中形成的内在持续性和同一感（一个人心理上的自我）。如果这种自我感觉与一个人在他人心目中的感觉相称，很明显这将为一个人的生涯增添绚丽的色彩"。（埃里克森，1963年）埃里克森把同一性危机理论用于解释青少年对社会不满和犯罪等社会问题上，他说：如果一个儿童感到他所处于的环境剥夺了他在未来发展中获得自我同一性的种种可能性，他就将以令人吃惊的力量抵抗社会环境。在人类社会的丛林中，没有同一性的感觉，就没有自身的存在，所以，他宁做一个坏人，或干脆死人般地活着，也不愿做不伦不类的人，他自由地选择这一切。随着自我同一性形成了"诚实"的品质。埃里克森把诚实定义为："不顾价值系统的必然矛盾，而坚持自己确认的同一性的能力。"

（6）成年早期（18～25岁）。亲密对孤独的冲突。只有具有牢固的自我同一性的青年人，才敢于冒与他人发生亲密关系的风险。因为与他人发生爱的关系，就是把自己的同一性与他人的同一性融为一体。这里有自我牺牲或损失，只有这样才能在恋爱中建立真正亲密无间的关系，从而获得亲密感，否则将产生孤独感。埃里克森把爱定义为"压制异性间遗传的对立性而永远相互奉献"。

（7）成年中期（25～65岁）。繁衍对停滞的冲突。当一个人顺利地度过了自我同一性时期，以后的岁月中将过上幸福充实的生活，他将生儿育女，关心后代的养育。埃里克森认为，生育感有生和育两层含义，一个人即使没生孩子，只要能关心孩子、教育指导孩子也可以具有生育感。反之没有生育感的人，其人格贫乏和停滞，是一个自我关注的人，他们只考虑自己的需要和利益，不关心他人（包括儿童）的需要和利益。在这一时期，人们不仅要生育孩子，同时要承担社会工作，这是一个人对下一代的关心和创造力最旺盛的时期，人们将获得关心和创造力的品质。

（8）成年后期（65岁以后）。完善与失望、厌恶的冲突。由于衰老过程，老人的体力、精力和健康每况愈下，对此他们必须做出相应的调整和适应，因此被称为完善与失望、厌恶的心理冲突。当老人们回顾过去时，可能怀着充实的感情与世界告别，也可能怀着失望走向死亡。完善是一种接受自我、承认现实的感受，一种超脱的智慧之感。如果一个人的完善大于失望，他将获得“智慧”的品质，埃里克森把它定义为：“以超然的态度对待生活和死亡。”老年人对死亡的态度直接影响下一代儿童时期信任感的形成。因此，第八阶段和第一阶段首尾相连，构成一个循环或生命的周期。

（三）埃里克森划分人生年龄阶段的基本特征

埃里克森划分人生年龄阶段的基本特征如下：

（1）心理发展阶段是从出生到衰亡整个人生历程的划分。

（2）二维的发展阶段学说，不只是一维的纵向发展阶段划分，还包括横向维度的人格发展。

（3）动态过程，即在人格维度上成功与不成功两极之间具有变化的空间。

（4）个体一生发展是连续的渐进发展进程，先前的各阶段发展得好与不好，会影响以后的发展阶段。[①]

三、安娜·弗洛伊德对幼儿心理咨询与治疗的贡献

安娜·弗洛伊德是弗洛伊德的女儿，自幼深受父亲影响，对学术感兴趣，热心研习精神分析。1928年发表了《儿童分析技术导论》，第一次系统地阐述了儿童心理学研究成果，开创了儿童精神分析疗法。被后人评为“20世纪100位最杰出的心理学家”之一。

安娜·弗洛伊德认为幼儿个体的自我十分软弱，行为更多地受本我驱使。随着儿童的发展，在社会现实和教育的影响下，儿童的自我和本我都发生了变化。体现在自我不再是一味地服从本我，它对客观现实的态度超越了俄狄浦斯情结。通过对儿童自我生活的分析和观察，安娜·弗洛伊德为本我－自我的相互作用阶段提出了一个新的术语，即“发展路线”。在这个相互作用阶段，儿童逐渐摆脱了对外界控制力的依赖，并逐渐获得了对内外现实的自我控制。安娜所谓的发展路线，是指儿童在成熟过程中从完全依赖

① 郭念锋．国家职业资格培训教程：心理咨询师（基础知识）[M]．北京：民族出版社，2011：206.

他人到获得相对的完全独立，从完全没有理性到几乎非常有理性，从对现实只有完全被动的联系到进行自觉主动的联系等。这些发展路线表明自我企图在没有痛苦的回避和不过度地使用各种防御机制的情况下，成功地面对各种复杂的生活情境，例如，和母亲分别、弟弟妹妹的降生、发生疾病、入学、与同伴交往、游戏、青春期性兴趣的出现和爱情生活等。

总体上安娜为儿童划分了六条发展路线，其共同主题是儿童竭力掌握和控制自己的现实：

（1）从依赖他人到情绪上的自力更生；

（2）从哺乳到合理的饮食；

（3）从大小便失控到能进行适当控制；

（4）从对身体的管理不闻不问到负起责任；

（5）从关注自己的身体到关注玩具，从喜爱游戏到参加工作；

（6）从以自我为中心到建立友谊关系。

安娜认为生命初期的环境对儿童心理发展具有至关重要的作用，她甚至认为“个性的一切特征在五岁以前就确定了”。

在长期的临床实践中，她清楚地认识到，对儿童的精神分析比单纯把正统的精神分析理论运用到儿童之中更为复杂。安娜·弗洛伊德认为，儿童正在向成熟发展，他们的身心既是脆弱的，又隐含着巨大发展的可塑性。所以儿童分析者不应把注意力完全集中在神经症状上，而应该集中在儿童未来的心理健康这一发展目标上。在安娜看来，具体的神经症状只是儿童心理问题的一小部分，而真正威胁儿童心理发展的障碍却主要在于他所关心的对象，是它导致和控制着儿童的神经症状。此外，即使儿童在行为方面表现出明显的神经症状时，这些症状在儿童的生活史中也具有和成人大不相同的含义。因此，儿童精神分析决不能完全照搬正统精神分析的方法。安娜提出了一种新的分析体系，它强调的是人格的形成，探索的是造成人格畸形发展的原因，高度重视的是对人格健康发展的严重威胁，对于那些给儿童的心理发展造成的不太严重但又不可避免的伤害则不予理睬。

安娜认为，精神分析只能给人的生活提供指导，而不可能从根本上改变人的生活。她发现有些分析者在治疗中常常把造成儿童人格障碍的原因追寻到出生后的第一年，追寻到人格障碍的最早期表现，有时甚至涉及人格的那些不可改变的结构及环境情况，他们企图通过分析治疗得出一种普遍有效的预防措施，它的作用和效果是有局限性的。由于人的生活环境千差万别，许多特殊情况都有可能损害一个儿童的生活，即使是最竭尽全力的分析治疗也可能解决不了，因为它毕竟无法从根本上改变人的生活环境。安娜认为，如果人们认识不到这种局限性，就会不切实际地把儿童分析的结果扩展到他的一生，企图对他的全部人生道路都起指导作用，这将百害而无一利。儿童分析者必须认识到，儿童更依赖于外界现实，因而也更容易受当前外界现实的影响。例如，儿童对父母的依赖，与兄弟姐妹和同伴的冲突，他们和教师及其他权威人士的关系等都可在儿童的心理障碍中表现出来。儿童分析治疗与成人的根本区别是，成人的神经症疾患已经几乎完全内化了，只有通过分析解释才能从他们的过去生活和早期未解决的冲突中找到原因，而对儿童的分析治疗则可以从当前社会现实中的关系来寻找原因。

安娜指出："在治疗中，特别是幼小儿童的治疗可以说明他们被客观世界所控制的程度，即他们的行为和病理有多少是受环境影响决定的（如病人的合作与拒绝态度、喜爱或冷淡的态度，批评或欣赏的态度）……完全依赖于对内部世界进行解释的儿童分析者可能会忽视病人对其环境情况——这在目前是同样重要的——的叙述活动。"可见，安娜不仅重视儿童的周围环境，而且重视当前社会现实对儿童的影响，她认为儿童分析者应从儿童与现实世界的关系中来了解心理疾病的原因，即使对那些有严重心理创伤的儿童，安娜也力图承认，他们在努力适应，应付和控制可能会毁灭他们的环境。因此努力改善儿童生活的环境，创设一个良好的教育和环境条件，才是解决儿童心理冲突的关键。

四、其他精神分析学派学者对儿童心理咨询与治疗的贡献

瑞士心理学家荣格在结束与弗洛伊德的合作关系后创立了分析心理学，提出了"情结"理论，认为情结主要来源于童年期的心理创伤和与本性不和谐的道德冲突。创伤性经历、情感困扰或道德冲突等，都会导致情结的形成。同时，荣格还将心理分析法广泛用于儿童心理分析。

阿德勒在精神分析理论的影响下创立了个体心理学，通过对出生顺序、早期记忆、梦境潜意识等的分析，使来访者意识到自己缺乏合作能力，并使其相信问题的根源来自童年早期的适应不良，从而帮助他们寻找一种具有社会兴趣、更加有效的治疗方法。阿德勒对难以治愈的儿童期疾病抱有极大的兴趣，1907 年就开始注意人的生理缺陷造成的自卑感从而导致补偿过程的现象。他认为，儿童和家庭的行为是公众关心的问题，不属于隐私，以公开咨询的方式可以减少心理咨询的神秘感。

霍妮充分肯定了弗洛伊德发现的俄狄浦斯情结及其对以后人际关系的影响，提出了敌意、基本焦虑和基本焦虑的解除方法。

沙利文在弗洛伊德理论的基础上提出了人际理论，认为母亲与幼儿的互动关系是人格形成的主要因素。

克莱因是儿童精神分析的先驱。她认为俄狄浦斯情结不仅出现在五六岁儿童的身上，也出现在两三岁儿童甚至婴儿身上。同时，认为治疗师的主要任务在于包容、理解患者所投射出来的内容，并在适当的时机将其回馈给患者。

除了以上心理学家外，拉康、科胡特等学者也促进了新精神分析的发展并在儿童心理咨询与治疗方面进行了一些有益的探索。

第二节　行为主义理论

行为主义（behaviorism）是现代心理学中以追求纯客观的心理学研究为特色的心理学流派。行为主义学派兴起于 20 世纪初，对西方心理学的发展进程产生了深远的影响，被心理学界公认为是名副其实的第一势力。时至今日，已经没有哪个心理学家称自己为行为主义者了，但行为主义学派强调的客观的、经验的和实证的方法论精神长久影响着整个心理学界。心理咨询和心理治疗领域的行为治疗（behavior therapy）深深地植根于行为主义的理论、方法和技术，是可供临床应用的有效的心理治疗方法之一。

一、桑代克的学习理论

美国心理学家桑代克率先在心理学实验室严格控制条件下研究动物心理，他反对结构主义和机能主义研究意识的结构和功能，主张用刺激与反应之间的具体联结来解释行为和学习。

桑代克提出的学习理论是以他做的动物实验为依据的。

（1）饿猫实验（见图 2-4）。桑代克把一只饥饿的猫放在用木条做的箱子里，箱子的外面放着一条猫喜欢吃的鱼，箱子里面有一个踏板，踩压踏板可以打开箱子门上的栅栏。当饿猫第一次被放入箱子中，它会乱咬、乱叫、乱撞，偶然踩压了踏板，门就打开了，猫逃出了箱子，吃到了鱼。桑代克再次把饿猫关在箱子里，把鱼放到箱子外面，反复实验。实验发现，猫的无效行为越来越少，到后来只要一放到箱子里就能立即踩压踏板，开门吃鱼。

（2）迷津实验（动物走迷宫实验）。桑代克把小鸡放在他设置的迷宫中，小鸡在迷宫中转来转去，需要花很长时间才会偶尔找到出口，逃出迷宫。桑代克再次把小鸡放到迷宫中，观察小鸡的行为。经过多次重复，小鸡在迷宫中乱转的时间越来越少。到后来只要把小鸡放入迷宫，它会很快按既定路线逃离迷宫。

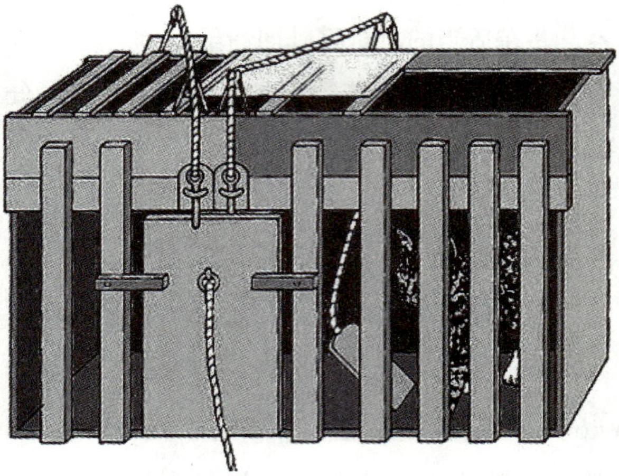

图 2-4　桑代克的饿猫实验

桑代克认为，饿猫、小鸡之所以能够顺利逃出箱子和迷宫，并不是通过推理和观察，而是不断的尝试，在有用的行为和行为目标之间建立了联系。进而得出学习的实质就是刺激（S）与反应（R）之间的联结，学习的过程是一种渐进的尝试错误的过程，学习的定律包括准备律、练习律和效果律。

二、巴甫洛夫的经典性条件反射学说

俄国著名生理学家巴甫洛夫用条件反射的方法对动物进行了系统研究，提出了关于经典性条件反射理论，对心理和行为的研究做出了重要贡献。

巴甫洛夫用狗做的条件反射实验是心理学中最为著名的实验之一（见图 2-5）。实验中，巴甫洛夫先给狗做了外科手术，将它的唾液腺由口腔内接到了口腔外，目的是客观测量狗的唾液分泌量。狗在得到食物的时候会分泌唾液。在狗得到食物之前先摇铃，再给它食物。经过多次实验后，狗仅仅听到铃声就会分泌很多唾液。本来食物是无条件刺激，狗分泌唾液是无条件反应，两者之间形成的是无条件反射；实验中的铃声是条件刺激，经与食物这一无条件刺激多次同时出现，引起狗分泌唾液这一无条件反应，形成了条件反射。

巴甫洛夫的经典性条件反射概念为心理学提供了行为的基本元素，提供了可以操作的具体单元，用实验室实验的方式证明了刺激与反应的联结。由于他用客观的方法成功地研究了心理问题，对心理学产生了巨大的影响，很大程度上促进了行为主义的发展。

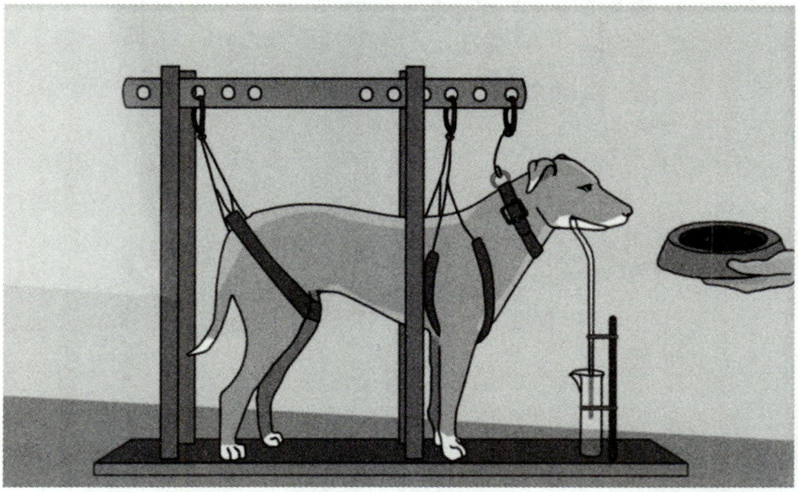

图 2–5　巴甫洛夫的条件反射实验

三、斯金纳的操作性条件反射学说

美国哈佛大学心理学教授斯金纳提出了操作性条件反射学说。操作性条件反射（或操作性条件作用，或工具性条件反射），是指通过动物或人自己的某种活动、某种操作才能得到强化而形成的条件反射。他指出，动物和人的行为不全是巴甫洛夫式的经典性条件反射，他把行为分为两种：一种是应答性行为（respondent behavior），即某种特定的刺激引起的行为，比如酸梅汁引起唾液分泌；另一种是操作性行为（operant behavior），即个体操作其环境的行为，如人走路。操作性行为的特征是，构成行为的反应是自发的，无法确定反应的出现是由何种刺激引起的。①

斯金纳自己设计制作了斯金纳箱（skinner box）研究动物的行为，以此来证明操作性条件反射学说。斯金纳把饥饿的老鼠关在斯金纳箱里（见图 2–6），老鼠在箱里乱窜。在乱窜的过程中偶然压到箱里的杠杆，杠杆连着机关，按压杠杆的时候触动机关，食物丸会从食物罐中通过食物槽掉落到箱壁下的食物盘里，老鼠就得到了食物。由于压杠杆的行为每次都会获得食物，经过多次后老鼠在斯金纳箱里探索的时间逐渐减少。相对于老鼠在箱中所展示出的其他行为，按压杠杆行为的可能性增加，这就是操作性条件反射。

① 雷秀雅．心理咨询与治疗［M］．北京：清华大学出版社，2010：46．

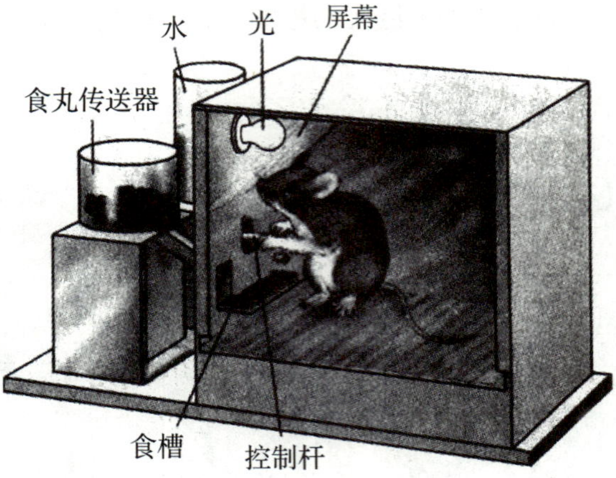

图 2-6　斯金纳箱

斯金纳根据实验结果，认为包括心理疾病在内的大多数行为都是习得的，因此，心理咨询和治疗就是要以改变对来访者起作用的强化物的方式来改变其行为，有目的地奖赏那些需要保留、巩固的目标行为，忽视或惩罚那些需要摒弃的不良行为，从而创造出一种新的行为模式，并提出了一套行为矫正术（behavior modification），广泛应用于学校、精神病院、智障儿童教养所、工业管理等方面的心理咨询与治疗，成效显著。

四、华生的行为主义理论

行为主义心理学（behaviorist psychology）是由美国心理学家华生创立的现代心理学派别。华生认为心理学作为一门行为科学，只研究那些能够用刺激和反应的术语客观描述的动作、行为的形成、行为的集合等。华生的心理学又称为“刺激 – 反应心理学”，即 S-R 心理学。他认为一定的刺激必然引起一定的反应；一定的反应，也必然来自一定的刺激。

华生做了一个著名的实验来证明自己的观点（见图 2-7）。他以一个 11 个月大名为阿尔伯特的婴儿为实验对象，阿尔伯特参加实验前从不害怕兔子。实验开始，华生将一只兔子放在阿尔伯特面前，当阿尔伯特想去触摸兔子的时候，华生在阿尔伯特身后敲击一根钢条，发出巨大的噪声，使阿尔伯特产生恐惧。经多次重复，阿尔伯特只要看到兔子，就会产生恐惧的表现。而且这种恐惧泛化到了诸如白色皮帽、白胡须等对象上。因此，华生认为成人的恐惧、厌恶和焦虑都是通过童年早期的类似这种条件作用方式形成的。

华生进而研究了消除恐惧的方法。有一个害怕兔子的幼儿（不是阿尔伯特），当他吃饭时，把兔子带到室内，控制距离使这个幼儿不至于产生恐惧反应。以后，每当儿童吃饭时就带兔子进来，逐渐缩短与幼儿的距离，直至幼儿能够近距离和兔子接触、抚摸兔子而不再恐惧。这一发现后来催生了心理咨询与治疗中的系统脱敏法。

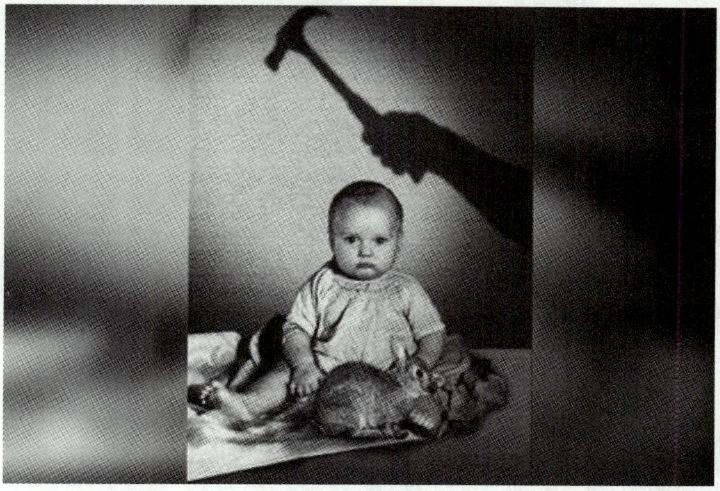

图 2-7　华生的恐惧实验

五、班杜拉的模仿学习理论

美国心理学家班杜拉是行为主义后期的代表人物，社会学习论的创始人。班杜拉发现，人的社会行为是通过观察学习（observational learning）获得的，在社会行为获得的过程中，起决定作用的是环境，人们只要控制好环境，就能够促使儿童的社会行为朝着预期的方向发展。①

班杜拉做了一个著名的也是最有影响的实验——波波玩偶实验（见图 2-8）。他将66名4岁儿童分为三组，每一组儿童看到的视频，开始都是一个成人在打玩偶。但在视频最后，第一组儿童看到打玩偶的成人受到了惩罚；第二组儿童看到成人获得了糖果的奖励；第三组儿童看到的还是成人在打玩偶，没有奖励，也没有惩罚。看完视频后，三组儿童被带到了放有玩偶的房间。结果显示，第一组儿童很少有打玩偶的行为；第二组和第三组的儿童会模仿成人打玩偶的动作，开始打玩偶，第二组的儿童的模仿行为是最积极的。班杜拉通过实验验证了他的猜想：即使奖励和惩罚不是作用于自己的，只要看到别人的行为受到了奖励或惩罚，自己也能习得。

① 石向实. 心理咨询的原理与方法［M］. 杭州：浙江大学出版社，2010：114.

图 2-8　班杜拉的波波玩偶实验

与斯金纳的行为强化理论不同，班杜拉提出了“替代性强化”。班杜拉认为，人的很多行为的习得是观察学习而来的，主要依靠替代性强化，即人们看到别人的行为（榜样的行为）受到强化，从而做出了与榜样同样的行为。如幼儿的许多不良行为来自对家长行为的模仿。

第三节　人本主义理论

人本主义心理学的创始人是美国心理学家马斯洛和罗杰斯。在 20 世纪 50 年代，出现了一种重视研究人的本性、潜能、经验、动机和价值的心理学思潮，即人本主义心理学（humanistic psychology），人本主义批评精神分析和行为主义对人的看法，认为“人不是无意识的奴隶”，也不是“一只较大较复杂的老鼠”，强调人的价值，人有自我决定、自我控制、自我实现的能力。人本主义不仅是继行为主义和精神分析之后心理学界的第三势力，也是西方心理咨询与治疗的三大流派之一，对心理咨询与治疗产生了深远影响。

一、马斯洛的需要层次理论

马斯洛是美国社会心理学家、人格心理学家和比较心理学家，人本主义心理学的发起者和领导人。与精神分析学派和行为主义学派不同，马斯洛从一开始就关心和研究那些健康的、有期望的、支配性的样本，到后来关心最杰出的人物，毕生都在开拓人格研究领域。他相信人类本性中存在着一种使人健康、向上地发展的积极倾向。

1943年，马斯洛第一次提出了需要层次理论（见图2-9）。他认为人有五种从低到高按等级排列的需要，分别是生理需要、安全需要、社交（归属与爱）需要、尊重需要、自我实现需要。前三种需要与人的生存密切相关，被称为匮乏性需要；后面两种需要与人的发展有关，被称为发展性需要。他认为低层次的需要产生时间较早，能量强大，需要首先满足，高层次的需要出现的时间较晚，能量没有低层次需要大，低层次的需要没有被满足，高层次的需要不会出现，人类社会中只有极少数人能达到自我实现。1958年，马斯洛修改完善了需要层次理论。在原本五层次需要的基础上，不仅在尊重需要之上、自我实现需要之下添加了认知需要和审美需要，而且认为在需要层级之间存在等级倒置的现象，从而在一定意义上解释了英雄人物们的心理和行为。

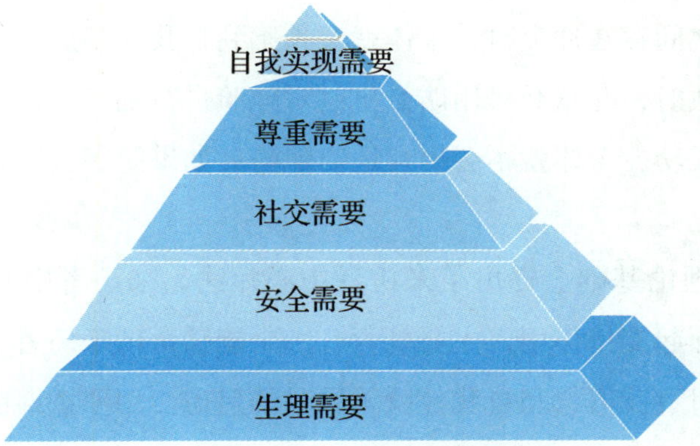

图2-9　马斯洛的需要层次理论

二、罗杰斯的自我理论和来访者中心疗法

罗杰斯是美国心理学家和心理治疗家，也是人本主义心理学最有影响力的代表人物之一。他把人本主义心理学的以人为中心的理论应用于医疗、教育、管理、商业、司法、国际关系等领域，使人本主义心理学成为重要的心理学流派。

罗杰斯从病态研究开始，通过心理治疗找出病态好转的规律，然后扩展到人格健康的范围。他在工作中发现，心理疾病的治疗与人的健康成长关系密切、与人际交往的关系尤其紧密，提出心理治疗应以咨询师、治疗师与来访者之间的真诚关系为基础。他的心理治疗的思想基础是对人性的深刻理解和对人的尊重和信赖，认为人性的发展倾向是建设性的，人有追求美好生活、为美好生活的实现而奋斗的本性。健康代表着人格的健全和人性的丰满，病态是健康人格的异化。心理疾病并没有使来访者失去自身具有的潜能，咨询师和治疗师要相信来访者自身的能力，创造有利于心理疾病康复的氛围，支持来访者发掘自身的潜能从而解决内心的困境。

罗杰斯提出了自我理论。认为自我是指对自己心理现象的知觉、理解和评价，是个人意识到的自我。一个人对自我的理解并不一定和实际情况相符，存在高估和低估的状况。高估自己使人骄傲，低估自己使人自卑。他还提出"理想自我"的概念，并把理想自我和现实自我之间的差距作为心理健康的指标，两者差距太大使人焦虑，差距变小会使人愉快和幸福。罗杰斯认为，自我概念是在个人与环境相互作用的过程中形成的。刚出生的婴儿没有自我概念，随着与他人、环境相互作用，逐渐将自己与自己以外的人分开来。自我概念形成后，自我实现开始激活，在自我实现的驱动下，儿童在环境中进行各种尝试并产生大量的经验，有些经验使他感到满足、愉快，有些经验使他感到悲伤、痛苦。满足、愉快的经验会使儿童寻求保持、再现；悲伤、痛苦的经验儿童尽力回避。当经验与自我之间存在冲突时，个体就会预感到自我受到威胁，从而产生焦虑；预感经验与自我不一致时，儿童会采用防御机制对经验进行加工，使之在意识水平上与自我一致。如果防御成功，个体就不会出现适应障碍；如果防御失败，就会出现心理适应障碍。[①]

罗杰斯在自我理论基础上提出了来访者中心疗法。来访者中心疗法以来访者为主导，咨询师和治疗师起支持作用，主要是营造一个能够帮助来访者了解其自身的氛围和环境，以减轻他面对自我概念和自我经验矛盾时的焦虑。用罗杰斯的话来说就是"变回自己""从面具后面走出来"，只有这样才能充分发挥人的潜能。

第四节　认知心理学理论

20 世纪 50 年代，美国科学家西蒙等人使用计算机信息加工模拟人的心理过程，创立了认知心理学（cognitive psychology），又被称为信息加工心理学（information process psychology）。经过几十年的发展，认知心理学在全世界范围内获得了长足的发展，成为当今世界占主导地位的心理学流派，心理咨询与治疗在此基础上形成了认知疗法。

① 雷秀雅．心理咨询与治疗［M］．北京：清华大学出版社，2010：48．

认知心理学的核心概念是“认知”。对认知的理解可以近似等同于哲学上的认识，主要指一个人对某一事物或事件的看法，包括对过去事件的评价、当前事件的解释和对未来事件的预期。从普通心理学的角度来看，认知是和情绪、意志同一层级的心理过程，客观事物刺激感官成为感觉信息，经人的经验和人格的影响，赋予信息以具体的意义，这些解释和评价进一步激活了情绪和运动系统，产生情绪与动机。人们发现认知对情绪情感、动机、意志有较强的调控作用。因此，如果改善认知因素的结构、调整认知的逻辑、理顺各认知阶段的关系，就有可能矫正心理问题，达到心理咨询和心理治疗的目的，增进人的心理健康。

案例链接

《触龙说赵太后》讲述了这样一个故事：赵国的太子在秦国做了人质，赵国的太后为此十分郁闷，情绪极度低落，不见任何人，水米不进。赵国有一位士大夫，叫触龙。他千方百计地见到太后，说太子作为人质，实际上是为赵国立了大功，可使秦国暂时不攻打赵国。太子立下功劳，将来继承王位，可以使臣民们信服。听了触龙的解释，太后心中豁然开朗，立即开始用餐和接见大臣。

用心理咨询的观点来看，触龙用的就是一种认知性的疏导疗法。

一、皮亚杰的认知理论

瑞士儿童心理学家皮亚杰在研究中发现，儿童对世界的了解遵循着一个共同的顺序，他们是以不同于成人的方式思维着的。他放弃了标准化测验，首创临床法研究儿童的思维发展。他认为，心理、思维不是起源于先天的成熟，也不是起源于后天的经验，而是起源于主体的动作。动作是联系主体与客体的桥梁，是心理发展的真正原因。个体在适应世界的过程中，每一个心理反应，不论是指向外部的动作，还是指向内部的思维，目的都是要取得机体与环境的平衡。皮亚杰提出了图式、同化、顺应、平衡四个关键术语。其中图式主要指有组织的思考或行动的模式，是人用来了解世界的认知结构。同化是指个体将外界信息纳入已有认知结构的过程。顺应是指已有认知结构无法同化外界信息而改变原有认知结构纳入外界信息的过程。儿童的适应主要是在与环境的相互作用中，已有的图式通过同化、顺应达到平衡，短暂的平衡很快会被打破，进行新的同化和顺应，在循环往复的过程中认知螺旋式地获得发展。

二、鲍尔比的亲子关系理论

英国精神病学家鲍尔比通过研究指出，早期的亲子关系对儿童以后的人格发展有重大影响。鲍尔比在对非正常家庭中成长和养育的儿童进行研究发现：（1）在儿童福利院长大的儿童，经常表现出各种各样的情绪健康问题，包括不能和别人建立亲密持久的人际关系。（2）亲子关系异常可以导致学校恐惧症的发生。异常的亲子关系主要表现在：1）母亲多患有慢性焦虑症，总希望把子女留在家中与自己做伴；2）儿童总害怕自己去上学时，父母会遭遇不测，因此自己主动要求留在家中；3）儿童担心自己离开家会受到意外伤害，宁肯留在家中；4）母亲担心儿童去上学会发生不幸。学校恐惧症和儿童分离焦虑障碍存在着密切的关系，两者都可能是亲子关系不良的结果。

知识链接

学校恐惧症是一种较为严重的儿童心理疾病，指儿童没有充分正当的理由而恐惧、逃避或拒绝上学的症状。多见于小学低年级学生。表现为对学校的恐惧，拒绝上学；离家上学时即出现头痛、恶心呕吐、腹部不适等症状，回家即消失；怕与父母分开，怕老师，怕其他儿童，怕被提问或背诵等。原因多与心理因素或错误的教育方法有关。

鲍尔比认为，不良的亲子关系表现为，一方面对子女态度冷漠、苛责，另一方面又让子女依附自己，子女长期处于无所适从的矛盾中。所以，正常的亲子关系下，父母应该给予子女安全而温暖的环境，同时又不能让他们依赖这种环境。“心理健康的关键是婴儿和年幼儿童应该与母亲建立一种温暖、亲密而持久的关系，在这种关系中婴儿和年幼儿童既能获得满足，也能感到愉悦。”“母爱对婴儿期和儿童期幼儿的心理健康的重要性就像维生素和蛋白质对他们身体健康的重要性一样。”①

第五节　完形心理学理论

行为主义在美国兴起的时候，德国出现了一个重要的心理学派别。该学派既反对

① 雷秀雅. 心理咨询与治疗［M］. 北京：清华大学出版社，2010：36.

构造主义心理学将心理分解成“元素”，也反对行为主义只研究行为而摒弃意识、反对“刺激－反应”公式，主张研究心理现象的整体，即完形（Gestalt），音译为“格式塔”，认为整体不等于部分之和，思维不是观念的简单联结，重新将意识拉回到心理学的研究领域。这一学派因提出“完形”而闻名于世，被称为格式塔心理学（Gestalt psychology）或完形心理学，对西方心理学的发展进程产生了重要影响。

一、韦特默的格式塔心理学思想

韦特默是格式塔心理学派的创始人。他在批判结构主义心理学理论和方法的同时，带领助手从事似动现象实验，根据实验结果提出了格式塔心理学的观点：（1）整体大于部分之和；（2）知觉不能由感觉元素的集合或者是感觉的总和来解释，知觉可以比感官了解更多的东西。

韦特默在 1923 年提出了知觉结构原则：人在感知事物时，是采用直接和统一的方式把事物感知为统一的整体，而不是感知为许多个别的感觉。他还发现了知觉的几个组织原则：邻近性、类似性、封闭性等。

二、科勒对格式塔心理学的贡献

科勒是继韦特默后对格式塔心理学贡献巨大的心理学家。他以黑猩猩为研究对象研究动物的问题解决行为，做个两个著名的实验：箱子实验和棒子实验（见图 2-10）。

图 2-10　箱子实验与棒子实验

在箱子实验中，科勒把一只黑猩猩关在屋子里，在房间天花板上挂着黑猩猩最喜欢吃的香蕉，地上分散放着几只大小不同的箱子。黑猩猩在实验室里通过站立、跳跃或者站在一只箱子上，都够不到香蕉。经过多次尝试失败后，黑猩猩把几只箱子摞起来，然后站上去取下了挂在天花板上的香蕉。

在棒子实验中，科勒把一只黑猩猩关在笼子里，笼子里放着几根棒子，笼子外面放着黑猩猩喜欢吃的香蕉，黑猩猩在笼子里用任何一根棒子都够不到箱子外面的香蕉。黑猩猩开始用棒子够香蕉，连续几次都失败了。后来黑猩猩在摆弄棒子的时候，发现手中的棒子能够接在一起，它把棒子接起来，用接长的棒子获得了笼子外面的香蕉。

科勒根据箱子实验和棒子实验，提出了顿悟学习的理论。他认为学习不是盲目尝试错误的渐进过程，而是顿悟的结果。顿悟不是对个别刺激物产生的反应，而是对整个情境、条件、目的、方法之间相互联系的整体即完形的理解。

后来，德国精神病学家皮尔斯以格式塔心理学为理论基础，创立了格式塔疗法（Gestalt therapy），又被称为完形心理治疗。

本章小结

本章简要介绍了幼儿心理咨询与治疗的五大理论学派——精神分析、行为主义、人本主义、认知心理学与完形心理学的代表人物和主要观点，为诸多幼儿心理咨询与治疗方法运用提供了必要的理论基础和实验依据。

同步练习

一、名词解释

1. 自由联想技术
2. 发展路线
3. 工具性条件反射
4. 替代强化
5. 图式
6. 完形

二、简答题

1. 简述安娜・弗洛伊德对幼儿心理咨询与治疗的理论贡献。
2. 简述班杜拉社会学习理论的主要观点。
3. 简述罗杰斯的自我理论及来访者中心疗法。
4. 简述皮亚杰提出的图式、同化、顺应、平衡等概念及其关系。
5. 简述格式塔心理学对幼儿心理咨询与治疗的理论贡献。

三、思考题

1. 比较弗洛伊德与埃里克森精神分析理论的异同。
2. 比较经典性条件反射与操作性条件反射原理的异同。

第三章　幼儿心理咨询

学习目标

掌握幼儿心理咨询的整体流程设计与实际操作方法

学习重难点

1. 明确幼儿心理参与性技术与影响性技术的联系与区别
2. 掌握幼儿心理咨询关系的匹配和转介

学习方法

1. 集体讨论
2. 角色扮演
3. 模拟操作

教学建议

1. 精心组织案例教学

2. 加强师生、生生之间的交流讨论

从发展心理学的角度来看，一个人从胚胎到死亡的精神活动是一个连续的过程。在不同发展阶段上，心理活动有各自不同的年龄特征，相应地，不同年龄幼儿的心理问题在性质和表现方式上存在一定差异。0～6岁是婴幼儿心理发展的关键期与敏感期，对个体长期发展具有深远影响。早期儿童的身体、心理、社会性和情绪会经历特有历程，其发展变化既显著又迅速，并以个体获得动作、语言、游戏和学习能力为标志。在这一时期，幼儿对形成能力和行为的环境刺激较为敏感，尤其是负面影响（如情感剥夺）最为敏感。与此同时，婴幼儿大脑具有一定的可塑性和可修复性，对婴幼儿身体和神经系统实施正面刺激，对其大脑发展有重要促进作用。心理学界普遍认为，成人表现出来的种种心理问题和心理障碍大都与童年期的心理创伤有着密切联系，因此针对婴幼儿心理问题进行早期诊断与早期干预是非常必要的。

知识链接

关键期是指儿童在某个时期最容易习得某种知识和技能，或形成某种心理特征，而过了这个时期有关方面的发展会出现障碍，且难以弥补。敏感期是指在这段时间，儿童学习某种知识和行为比较容易，儿童心理某些方面的发展迅速的时期。如果错过了敏感期，学习起来较为困难，发展比较缓慢。有学者用“宽窗口”和“窄窗口”形象地说明敏感期和关键期的异同，敏感期是特定学习机会的“宽窗口”，关键期是特定学习机会的一段时间的“窄窗口”。

（资料来源：郭念锋. 国家职业资格培训教程：心理咨询师（基础知识）[M]. 北京：民族出版社，2011：207.）

幼儿心理问题的内容和形式并非特别复杂，但是由于幼儿不能像成人一样通过丰富的语言来表达内心的感受，心理问题更多以行为障碍的方式出现，如多动、缄默、多余动作、攻击、退缩等。因此，幼儿心理咨询务必遵循一定的步骤，经历若干阶段。为了收到良好成效，通常需要与来访幼儿和家长建立咨询关系、诊断心理问题、商定咨询方案、实施咨询，最后还要对心理咨询成效进行评价（见图 3-1）。

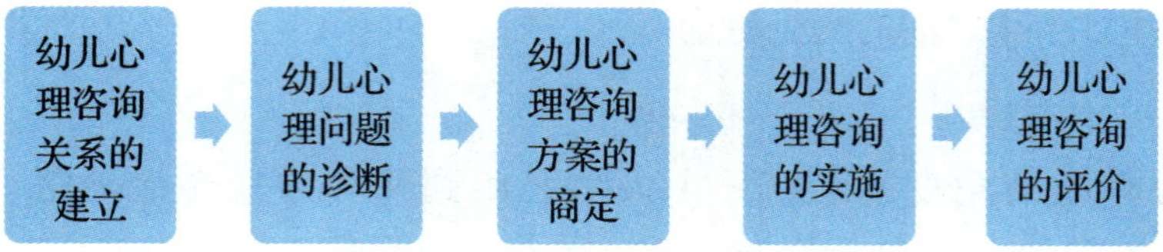

图 3-1　幼儿心理咨询过程流程图

第一节　幼儿心理咨询关系的建立

一、什么是幼儿心理咨询关系

心理咨询关系是在需要获得心理帮助的来访者和能够给予帮助的咨询师之间建立起来的一种特殊的人际关系，通过这种人际关系最终达到心理问题解决、维护心理健康的作用。幼儿心理咨询关系主要指需要获得心理帮助的幼儿（家长）与提供心理帮助的咨询师之间的人际关系，是心理咨询的核心内容。咨询关系的建立受来访幼儿、来访幼儿家长和咨询师三方面的影响。来访幼儿和家长的咨询动机、合作程度、期望程度、人格特征、行为方式、对咨询师的反应，以及咨询师的亲和力、共情能力、倾听能力等都会对咨询关系产生重要影响。

伯特林在《问题青少年的咨询》中指出了心理咨询必备的四个要素：一是认识来访者的长处，可以起到 40% 的作用；二是良好的咨询关系，起到 30% 的作用；三是咨询技巧，起 15% 的作用；四是对咨询的期望，起 15% 的作用。可以看出，四个要素的目的都是解决来访者的心理问题，四个要素共同围绕着的是咨询关系。处在人生早期的幼儿本来就存在分离焦虑和陌生人焦虑，他们不愿意离开家长，很多幼儿不愿意和陌生人交往，容易产生哭闹、缄默、逃离等行为。在咨询之前，来访幼儿家长通常会有压抑和焦虑情绪，这些情绪会通过他们的言行举止表现出来。幼儿在很小的时候就具有很强的察言观色能力，他们能够感觉到家长的这些情绪。幼儿心理咨询师应重视建立良好幼儿心理咨询关系，使来访幼儿和家长产生安全感和信任感，进而积极配合咨询师解决幼儿心理问题。

良好的咨询关系有利于咨询工作的顺利进行和咨询效果的达成。罗杰斯曾指出，许多用心良苦的咨询之所以未能成功，是因为在这些咨询过程中从未建立起一种令人满意的咨询关系。大多数心理咨询从业者都认为，来访者与咨询师的关系是心理咨询中最重要的方面。在幼儿心理咨询的过程中，其实没有专门用来建立和发展咨询关系的阶段。建立、维持和发展与来访幼儿及家长的咨询关系是与接待来访、收集资料、明确问题、确定咨询目标、制定咨询方案、实施咨询、评价咨询等工作一起进行的。前期主要侧重咨询关系的建立和发展，后期更加侧重咨询关系的维护、深化和终结。

二、建立良好幼儿心理咨询关系的主要方法

（一）尊重

尊重是指心理咨询师秉持在价值、尊严、人格等方面与来访者平等的理念，把来访者作为有思想情感、内心体验、生活追求、独立性和自主性的人来看待。罗杰斯非常强调尊重对心理咨询的重要意义，他提出心理咨询师应该“无条件尊重”来访者，并将其列为使来访者人格产生建设性改变的关键条件之一。心理咨询师尊重来访者，应当为他们创设一个安全、温暖的氛围，使其敞开心扉，最大限度地表达自己。应当注意以下几点：第一，对来访幼儿和家长表现出无条件接纳；第二，一视同仁，以礼待人；第三，信任来访者，能够保护其隐私。

（二）热情

鉴于幼儿因心智发育还处于从幼稚向成熟转变的早期阶段，更容易接纳咨询中感性的成分，来访幼儿家长特别是幼儿的女性监护人更容易从感性层面配合咨询。因此，心理咨询师既要表现出接纳来访幼儿及其家长、平等交流沟通、帮助来访者解决心理问题的理性成分，也应该表现出热情助人的具有浓厚感情色彩的感性成分，使来访幼儿及其家长感到自己被接纳、被喜欢。心理咨询师在表达热情时须注意以下事项：（1）在初诊接待的过程中要打好热情基础；（2）通过倾听和非言语行为，表达热情；（3）在咨询中富有爱心、耐心、不厌其烦；（4）热情表达要适度；（5）结束咨询时也要让来访幼儿感到温暖，产生新的期待。

（三）真诚

真诚是指咨询师对来访幼儿及其家长态度方面的要求，咨询师应以“真实的自己”“真诚的自己”的角色帮助来访幼儿及其家长，真实可信地置身于咨询关系中。伊根（Eagan）根据前人的研究结果，综合提出了一些建议：第一，走出角色。咨询师很容易利用“咨询师”角色来避免个人卷入，这本身就是一种防卫。第二，多一点自发性，少一点瞻前顾后。第三，不设防，避免防御反应。第四，表里如一。第五，分享自我，揭示自我。在咨询关系建立的初期，咨询师应避免表达自己的主观评价，以免来访幼儿及

其家长产生不满。随着咨询的发展和深入，咨询关系巩固到一定程度后才可以表达对来访者不足和缺点的看法和态度，但一切以不损害咨询关系为前提。咨询师在表达真诚时需要注意以下问题：（1）真诚不等于实话实说；（2）真诚应该实事求是；（3）真诚不是自我发泄；（4）表达真诚应该适度；（5）真诚还体现在非言语交流上；（6）表达真诚应考虑时间因素；（7）真诚体现在咨询师的坦诚上。①

（四）积极关注

心理咨询从本质上是一个助人的工作，咨询师首先必须抱有一种信念，即来访幼儿尽管表现出各种问题和症状，但在他们身上仍会有这样那样的优点和长处，都有潜力和潜能存在，都具有积极向上的成长动力。通过自己的努力、咨询师的帮助和家长的支持，他们可以摆脱心理问题，健康快乐成长。积极关注指的是咨询师不以评价的态度对待来访幼儿和家长，不依据来访幼儿行为的好坏来决定对待方式，无条件接纳来访者，关注来访幼儿和家长言谈举止的积极面，正面引导、关注来访幼儿和家长，允许来访幼儿和家长做他们喜欢做的事，允许他们有自己的感受、情绪和行为，不把心理咨询师的喜好、价值观强加到他们身上，不回避评价幼儿问题行为，但是应当避免对来访幼儿和家长本身进行评价。咨询师在进行积极关注时应注意：第一，积极关注就是辩证、客观地看待来访幼儿。第二，积极关注就是帮助来访幼儿和家长辩证、客观地看待幼儿的心理问题。第三，避免盲目乐观。第四，反对过分消极。第五，立足实事求是。②

（五）共情

"共情"一词在心理咨询的不同理论和流派中有不同的称谓和译法，如"同理心""同感心""感同身受""设身处地"等，指咨询师像体验自己的精神世界那样体验来访者的精神世界，主要包括态度和能力两个方面，核心是理解对方的心理感受。罗杰斯认为，为了最大限度地了解来访者，尽力体察来访者精神活动的每一个细微变化，咨询师必须把自己完全融入对方的观念之中，进入并欣赏对方的精神世界，并将对对方精神世界的理解准确地传达给对方。相对而言，心理咨询师对来访幼儿家长表达共情较为容易，而对来访幼儿表达共情较难，应当注意以下几点：第一，咨询师应走出自己的心理世界，进入来访幼儿和家长的心理世界，进而减少阻抗现象，为进行下一步咨询打好基础。第二，咨询师需要提醒和验证自己是否做到了共情。第三，表达共情要因年龄而

---

① 郭念锋．国家职业资格培训教程：心理咨询师（三级）[M]．北京：民族出版社，2011：60.

② 同① 66.

异，因人而异。第四，表达共情要善于使用躯体语言。第五，共情要善于把握角色。第六，表达共情应考虑来访幼儿和家长的具体特点和文化背景。

知识链接

共情由人本主义创始人罗杰斯提出，是指体验别人内心世界的能力，包含三个方面的含义：（1）咨询师借助求助者的言行，深入对方内心去体验他的情感、思维；（2）咨询师借助于知识和经验，把握求助者的体验与他的经历和人格之间的联系，更好地理解问题的实质；（3）咨询师运用咨询技巧，把自己的共情传达给对方，以影响对方并取得反馈。

弗洛伊德将阻抗定义为求助者在自由联想过程中对于那些使人产生焦虑的记忆与认识的压抑，因此，阻抗的意义在于增强个体的自我防御。弗洛伊德对阻抗的定义强调了潜意识对于个体自由联想活动的能动作用。而罗杰斯将阻抗看作个体对于自我暴露及其情绪体验的抵抗，目的在于不使个体的自我认识与自尊受到威胁。这一观点体现了个体的认知对于自我结构与发展的防护作用。此外，一些行为主义心理学家把阻抗理解为个体对于其行为矫正的不服从。

（资料来源：乐国安．咨询心理学［M］．天津：南开大学出版社，2002.）

第二节　幼儿心理问题的诊断

幼儿心理问题诊断是心理咨询的第一步，具体过程包括初诊接待、资料收集和整理、初步诊断等基本环节。

一、初诊接待

初诊接待是心理咨询师与来访幼儿和家长的第一次会面，不仅可以收集资料，更是建立良好咨询关系的开始。恰当的初诊接待，可以使来访幼儿和家长觉得自在、舒适，有助于他们减轻紧张和焦虑的情绪，释放压力，还可以让幼儿在自由活动和游戏的过程中自然流露心理问题，以及让幼儿家长袒露真实的想法和思考，为幼儿心理咨询师初步了解和诊断来访幼儿的问题奠定良好基础。

（一）合理配置幼儿心理咨询场所

良好的心理咨询场所有助于幼儿心理咨询的开展。幼儿心理咨询室应具备以下条件：（1）能显示心理咨询的专业特点；（2）能显示幼儿心理咨询的特点；（3）能提供适度宽敞的空间；（4）配置供幼儿游戏的玩具、纸笔、软泥和供幼儿家长使用的舒适座椅；（5）具有保密的功能；（6）配置必需的设备（设备服从于咨询而不能起干扰作用）。

（二）表现出心理咨询师应有的仪容、仪表与仪态

幼儿心理咨询师应该服装整洁、姿态优雅、表情亲和。对刚刚从事幼儿心理咨询的咨询师来说，由于缺乏临床经验，对专业还停留在理论层面，再加上对来访幼儿的具体特点不太了解，对幼儿家长的心理理解不够，初诊接待时难免紧张，在出诊之前可以通过练习加以熟练。初诊接待前，绝对不可以吸烟、饮酒或服用兴奋剂、镇静剂等。在接待来访幼儿及其家长的过程中，不能接打电话和东张西望，应集中注意，认真倾听，谨慎发问，不吸烟，不做多余的“下意识”动作（如抖动身体、转笔、晃头等）。

（三）保持适当社交距离和咨询位置

与来访幼儿和家长进行会谈时，应保持适当的社交距离，与幼儿的距离控制和与家长的距离控制应有所区别。

知识链接

人类学家爱德华·霍尔（Hall，1966）在经过多年深入研究后，将社交距离由亲到疏划分为四种不同的人际距离，具体见表 3-1。

表 3-1　社交距离说明表

亲密区	最亲密的人际空间距离	3 ～ 12 英寸
个人区	朋友之间的距离	12 ～ 36 英寸
社会区	熟人之间的距离	4.5 ～ 8 英尺
公众区	陌生人之间或一般公开场合的社会交往活动	8 英尺以上

注：1 英寸 = 2.54 厘米；1 英尺 = 12 英寸 = 0.48 米。

（四）采用礼貌的接待方式和通俗易懂的语言

接待来访幼儿及其家长时，幼儿心理咨询师的态度应当热情、诚恳，使用礼貌、亲

切的语言。例如：“非常欢迎您带孩子前来咨询，谢谢您的信任。”“我很愿意向您提供心理帮助。”“小朋友，咱们一起来做个游戏，好吗？”

应采用幼儿能听得懂的语言和他们交流，语速要慢，适当重复，要使来访幼儿能听清楚。可以将复杂的句子拆成若干简单的句子，多次重复以促进其理解。在与来访幼儿家长交流的过程中，尽量避免使用专业术语，若必须用，应向来访幼儿家长说明术语的内涵和外延。

（五）严格执行询问技术规范

幼儿家长带幼儿前来咨询，本来就存在一定的压力和精神负担，如果直接问：“你家孩子有什么问题？说吧！”“出什么事啦？说吧！”很容易引起家长的反感，往往咨询还没开始就结束了。为此，应当采取间接询问方式，例如：“您希望您的孩子在哪方面得到我们的帮助？”“我在哪些方面可以帮到您和您的孩子？”

遵守保密原则是心理咨询师职业道德的要求，也是由心理咨询本身的性质所决定的。保密原则可以体现心理咨询师的威信，避免对来访幼儿和家长造成伤害，带给他们安全感，促使良好咨询关系的建立。幼儿心理咨询师应该在初诊接待及其他必要的时候，向来访幼儿家长做出保密承诺。

幼儿心理咨询师应当用通俗的语言向来访幼儿家长说明以下内容：什么是心理咨询（心理咨询师协助来访幼儿和家长解决心理问题，即“助人自助”）；心理咨询如何进行；心理咨询主要解决什么问题和不能解决什么问题（心理咨询的效果很大程度上取决于来访幼儿和家长主动参与和配合的程度）。此外，还应向来访幼儿家长说明：心理咨询是一个长期过程，心理问题不是一次两次咨询就能解决的，而且还有可能出现反复，有些问题难以完美解决，让来访幼儿家长有充分的心理准备。在来访幼儿家长对心理咨询达到了解的前提下，进一步与来访幼儿家长协商可以接受的咨询方式。

幼儿心理咨询师应当告知来访家长有权选择咨询师并确认咨询师的执业资格，有权知道收费标准，有权中止咨询。同时，也有义务如实向咨询师说明情况，提供有关幼儿心理问题的真实信息；对共同商定的咨询时间表如有更改须事先通知；按时完成家庭作业，不试图与咨询师建立咨询以外的任何关系，按规定缴费。[①]

询问结束后，幼儿心理咨询师应明确说明是否能向来访幼儿和家长提供哪些方面的帮助。

---

① 郭念锋．国家职业资格培训教程：心理咨询师（三级）[M]．北京：民族出版社，2011：3-4．

二、资料收集和整理

资料的收集和整理是形成初步诊断、协商咨询方案和实施心理咨询的基础工作。资料收集的主要方式与程序如下所述。

（一）摄入性会谈

摄入性会谈是指心理咨询师通过与来访者面对面的谈话沟通来了解其心理状态的活动。主要了解内容包括：来访者的客观背景资料，如健康状况、工作状况和家庭状况；来访者当前的感受、状态、咨询动机和期望等。由于来访幼儿的年龄较小，在语言表达的准确性和丰富性方面还有所欠缺，会谈的对象主要是来访幼儿的家长。摄入性会谈的基本程序如下：

1. 确定会谈的目标、内容与范围

（1）善于从来访幼儿家长主动提出的求助内容切入。例如：来访幼儿家长说："我家孩子老是半夜惊醒，哭闹，该怎么办？""孩子总喜欢打人、咬人，怎么说都不管用"等。此时，心理咨询师可以就事论事，确定为摄入性会谈的目标，围绕这些问题收集资料。如果在倾听来访幼儿家长的诉说后发现了多个会谈目标，应考虑分别处理。例如：来访幼儿的母亲说："我家孩子老是不愿意去幼儿园，他爸也不管，为这事我经常与他爸吵，可是不管用，不知该怎么办。"此时应当将两个问题进行区分，搞清楚两者之间的逻辑关系，是因为幼儿不愿去幼儿园，父母双方在教育上的不一致导致的争吵，还是夫妻之间吵吵闹闹，家庭氛围不好给孩子造成了心理压力，影响到了孩子，所以孩子不去幼儿园。我们只有弄清楚其中的关系，分清前后、主次，才能确定目标，进行摄入性会谈。

（2）从初诊接待中观察到的疑点切入。例如：观察到来访幼儿表情呆滞，注意力不集中；来访幼儿坐立不安，焦躁哭闹；来访幼儿家长在初诊接待中对某个问题欲言又止；等等。此时，心理咨询师可以从了解来访幼儿一般生活情况入手进行摄入性会谈，探索其深层心理问题成因。

（3）从对心理测评结果的初步分析切入。例如：来访幼儿在拉特儿童行为问卷的测评结果上显示"A"行为（攻击、违纪或违反社会规则的问题行为）严重。此时，心理咨询师可以将此问题定为具体会谈的目标。

2. 确定提问方式

应当依据会谈目标、收集资料的性质和内容来确定具体的提问方式。

（1）封闭式提问。例如：是—否、对—不对、有—没有，等等。该提问方式的基本

功能是获得特定的信息，目的在于澄清事实，缩小讨论范围。一般适用于问题探索，在讨论了大量事实后，用来补充、证实一些相关资料，可以显著节约时间；当来访者谈话不着边际、偏离主题时，可用于引导来访幼儿和家长回到设定主题。

（2）开放式提问。这是一种旨在引出一段解释、说明或补充材料的提问。通常按下列顺序组织：什么？（你们之间发生了什么问题）为什么？（为什么你总是难以和他沟通呢？）怎么？（事情后来是怎么发展的）除了……还有……？（引发思考，完善资料）

（3）半封闭式提问。这是一种在一定的前提下的开放性提问，用于询问某一具体时间发生的事件，或某一具体事件发生的过程中来访幼儿和家长当时的反应、感受，尤其是对于情感问题和障碍。例如：谈谈那一次……的感受。你（您）能说说当时的情形是什么样的？当时你（您）是怎样回应（反应）的？

3. 倾听

心理咨询师在确定了提问方式并提出问题后，应耐心倾听来访幼儿和家长的叙述。在倾听过程中，不能随便打断来访幼儿和家长的叙述，也不随便插入自己的观点和评价，要边听边思考来访幼儿和家长所说内容的逻辑性，判断是否符合常理，及时把握关键点。应对来访者的谈话内容进行专业鉴别：（1）问题表现程度上的鉴别。应注意来访者所谈的情绪体验或想法，可能具有的夸张成分的程度（尤其是对幼儿）。（2）内容的真伪鉴别。特别是对于有神经症的来访幼儿家长，由于他们有一种无意识的病因否认倾向，因此不能完全按他们谈的内容对心理问题进行归因。另外，有些来访幼儿家长有意回避症状的真实原因，认为与他们谈出来的原因和心理问题没有必然联系。此外，对诊断和咨询起关键作用的问题，尽量要求来访幼儿和家长说得非常具体，因为把关键问题具体化，是区别问题真、假、轻、重的关键，也是进行诊断、治疗的重要步骤。

4. 控制会谈的内容与方向

会谈的方向、所涉及的问题及会谈时间应在心理咨询师的控制下进行，要突出重点，提高效率。常用的方法包括释义法、引导法、中断法、激将法等。心理咨询师在提问中应注意避免失误，除提问和引导性语言之外，不能讲任何题外话，更不能使用指责、批判性语言。

5. 及时对会谈内容进行归类

在摄入性会谈的过程中，除非征得来访幼儿家长的同意，一般情况下不能做详细的笔录，也不能进行录音和录像，只能依靠回忆将来访幼儿家长提供的信息整理成文字材料。主要包括：（1）幼儿成长、发展中的问题；（2）现实生活状况；（3）来访幼儿家长的婚姻状况；（4）人际关系中的问题；（5）幼儿身体方面的主观感觉；（6）情绪体验；（7）其他。[①]

6. 结束会谈

摄入性会谈结束时，心理咨询师不能用生硬的话做结束语，也不应给出任何绝对化的结论，以免引起来访幼儿家长的误解，同时还应再次重申保密承诺。如果会谈还要继续，应征得来访幼儿家长的同意。如心理咨询师已做出诊断，而没有时间谈论矫治方案，应以如下话语结束咨询："经过我们的交谈，对孩子的心理问题已经有了初步结论，希望您回去后，再认真想想是否同意这个结论，是否还有需要补充说明的，我也再想想，是否还有什么不妥之处。如果没什么疑问，我们就按今天的诊断共同研究一下矫治方案，您觉得如何？"如发现有其他问题时应说明，建议再做检查，包括一般检查与精神检查。

（二）心理测验

心理测验是根据一定的心理学原理，使用一定的操作程序对人的认知、行为、情感的心理活动予以量化测量的专业活动，主要用于帮助来访者了解自己的情绪、行为模式和人格特点。常见的心理测验按目的可以分为能力测验（包括智力测验和特殊能力测验）、人格测验（性格、气质、兴趣、态度等人格特征和各种病理人格特征）、记忆测验（短时记忆和长时记忆）、适应行为评定（社会适应能力，如智慧、情感、动机、社交、运动等）、职业咨询测验（包括潜能、职业人格等）。

在幼儿心理咨询的过程中，通过心理测验，可以为心理咨询师对幼儿的心理问题进行诊断、对咨询效果进行评价提供一定的参照。常用的幼儿心理测验量表见表 3-2。

表 3-2　常用的幼儿心理测验量表

量表名称	量表维度
婴儿智能发育障碍（CDDC）	智力发展指数（MDI），运动发展指数（PDI）
Gesell 发育量表（GDS）	适应性行为、大运动、精细运动、语言和个人社会行为
麦卡锡幼儿智能量表（MSCA）	言语、知觉操作、数量、记忆、运动
韦氏儿童智力量表（WISC）	言语测验、操作测验
婴儿一初中学生社会生活能力量表（SM）	独立生活能力、运动能力、作业、交往、参加集体活动、自我管理

① 郭念锋. 国家职业资格培训教程：心理咨询师（三级）[M]. 北京：民族出版社，2011：7.

续表

量表名称	量表维度
Achenbach 儿童行为筛查量表（CBCL）（见附录）	社交能力、行为问题
Conners 父母症状问卷（PSQ）（见附录）	焦虑、冲动－多动、身心问题、学习问题、品行问题
各年龄段儿童气质问卷	节律性、趋避性、适应性、反应强度、心境
儿童艾森克个性问卷（EPQ）	内外倾、神经质、精神质
克氏孤独症行为量表（CABS）	
孤独症行为评定量表（ABC）	
孤独症诊断访谈量表（ADI-R）	早期发展、语言交流、社会交往、兴趣与行为、一般行为

1. 测验工作程序

首先，应向来访幼儿家长说明选用量表对确诊的意义并征得来访幼儿家长的同意。只有当来访幼儿家长表示同意并愿意密切配合时，才可以对来访幼儿实施测量工作。

其次，依据来访幼儿心理问题的性质，选择恰当的心理测验题目。在进行初诊接待时，心理咨询师一般先通过摄入性会谈对来访幼儿的心理问题进行初步的了解和判断，比如已经初步确定来访幼儿的问题属于某一方面的问题（如情绪、人际关系、行为习惯、人格特征等），之后为了增进了解和提高判断的可靠性，再选择相应的量表和问卷进行进一步量化分析。

再次，测量结果如果与临床观察、摄入性会谈的结论不一致，不可轻信任何一方，必须重新进行会谈，然后再次进行测评。

2. 测验注意事项

第一，不得乱用心理测验。主要是指以下情况：（1）目的不明确、依据不充分地随意使用；（2）单纯依据心理测验结果，不与临床表现相对照，片面地给出诊断建议和制定矫治措施；（3）未查明某种心理测验自身可靠性（信度、效度）以及常模的时限便在临床上使用；（4）在诊断目的以外使用心理测验；（5）不按心理测验的程序要求和操作规定实施心理测验；（6）超出某种心理测验自身功能，主观地对数据和结果进行解释；（7）使用盗版软件实施心理测验；（8）将从国外获取的测验直接翻译而未经修订就作为工具进行临床应用。

第二，不得使用“地毯式轰炸”实施心理测验。主要是指以下情况：（1）在不理解各种心理测验本身独有的功能，对临床表现尚未形成印象时，便将各种测验工具打包实施，以求从中找到可能的临床线索。（2）只为了经济效益而大量地、目的性不强地使用心理测验，这是心理咨询师的职业道德所不允许的。

（三）一般临床资料的整理和评估

从来访接待、摄入性会谈和心理测验中获得的临床资料，必须有条理地加以整理之后才能进行逻辑性的分析和综合，以作为诊断依据。

1. 按如下提纲整理归纳一般资料①

来访幼儿的人口学资料：幼儿姓名、性别、年龄、出生地、出生日期；幼儿家长的职业、收入、经济状况、受教育水平；幼儿所属民族，幼儿家长的婚姻状况（完整、离异、离异重组）；幼儿现住址、人际关系、所在社区文化状况（商业区、工业区、城乡接合部、文化区）、联系方式；等等。

来访幼儿的生活状况：居住条件；日常活动内容、活动场所；生活方式和习惯；近期生活方式有无重大改变；等等。

幼儿家长婚姻家庭状况：婚姻关系是否满意；婚姻中有无重大事件发生，事件原因中有无道德和文化因素；家庭组成成员，对家庭成员的看法，家庭成员在日常生活中的分工，自己在家庭中所起的作用；家庭中发生的重要事件和原因，原因中有无道德、文化因素；等等。

社会交往状况：社交网络、社交兴趣和社交活动的主要内容；与来访幼儿交往最多、最密切的人有哪些；能给予来访幼儿帮助的人有哪些；参与集体活动的兴趣；等等。

娱乐活动状况：最令来访幼儿感到愉快的活动；来访幼儿的愉快情绪体验是否适度；等等。

来访幼儿个人内在世界的重要特点资料：想象力；创造力；等等。

2. 按如下提纲，整理幼儿成长史资料

幼儿成长情况：围产期、出生时母亲身体状况、服药情况、是否顺产；走路、说话开始的时间；与大多数同龄幼儿相比，有无重大特殊事件发生；幼儿的身体状况，是否患有严重疾病；幼儿家庭生活、父母情感是否和谐；幼儿家庭教养方式、幼儿园或早期教育情况，有无退缩或攻击行为；等等。

3. 按如下提纲整理来访幼儿目前精神、身体和社交状况

精神状态：感知觉、注意品质、记忆、思维发展状况；情绪、情感表现；人格完整

① 郭念锋. 国家职业资格培训教程：心理咨询师（三级）[M]. 北京：民族出版社，2011：16-18.

性和稳定性；等等。

身体状态：有无躯体异常感觉；来访幼儿近期体检报告；等等。

社交活动状态：去幼儿园或早教机构的状况；社会交往状况（接触是否良好）；家庭生活（亲子关系）；等等。

4. 判断资料来源的可靠性，并予以说明

资料来源是指临床报告情况的人不是来访幼儿，而是其父母、亲友或转诊的中介人。由于大多数来访幼儿家长、亲友和中介人缺乏专业知识，他们对问题的客观性质不能按专业要求进行评价，因此心理咨询师应当谨慎审视获得的这类资料。在整理资料时，对来自幼儿家长、亲友、中介人的资料，应首先判断其真实程度并予以备注说明后才可以使用。

中介人如果是心理咨询师，其提供的资料可能包括一些初步诊断结论，这些结论性的资料也需要进行进一步的核实后，方能被视为可用资料。

5. 按资料性质进行分类整理

具体可以参照表 3–3 了解各种资料之间的关系。

表 3–3　不同性质临床资料的时间顺序分类

事件发生		事件性质		
事件顺序	环境生活事件	认知	情绪	行为
年　月　日				

（四）了解既往史，寻找有价值的资料

既往史又称过去病史，是就医时医生对患者既往的健康状况和过去曾经患过的疾病等方面问题所做的记录。在幼儿心理咨询的过程中，幼儿的既往史不仅包括生理健康方面，如哮喘、过敏、屏气发作等，也包括心理健康方面，如惊吓、睡眠障碍等。主要工作程序与要求如下：

（1）应询问来访幼儿家长幼儿以往是否去过医疗机构，详细阅读就诊的病历及有关资料。了解当时医生下的诊断，进行过何种治疗，疗效如何。分析来访幼儿去医院就诊的原因中哪些是躯体方面的、哪些是心理方面的，躯体和心理之间的关系如何。

（2）询问家长来访幼儿以往是否去过其他心理咨询机构，对有过心理咨询经历的来访幼儿家长，要说明详细了解既往史的重要性，避免家长忽略那些他们认为不重要的

但对咨询非常有价值的细节。家长带来访幼儿前来咨询，可能是由于过去咨询的效果不好，幼儿心理咨询师应考虑以往咨询的诊断是否正确。有些来访幼儿经过以往的咨询，心理问题不仅没有解决，反而可能会加重。幼儿心理咨询师必须详细了解其咨询过程，以免继续造成伤害。幼儿心理咨询师不可以在来访幼儿和家长面前对以往咨询师的失误进行嘲讽和挑剔，这不仅是良好职业道德的体现，也避免加大对来访幼儿和家长的伤害。

三、初步诊断

（一）确定造成来访幼儿心理与行为问题的关键点

初步诊断的第一步可将各种途径获取的临床资料进行对照和比较，相互印证，确定资料的真实性和可靠性；将资料进行横向和纵向比较，抽象概括出心理和行为问题的关键点。主要工作程序与要求如下：

（1）将收集到的全部临床资料分类列表（见表 3-4）。

表 3-4 临床资料汇总表

	主诉	主诉内容一	主诉内容二	……	……	*N*
一、由不同途径收集到的临床资料（与来访幼儿心理问题相关的）	家属报告					
	摄入性会谈					
	临床观察					
	心理测验					
	作品分析					
	其他					
二、资料纵向比较，验证可靠性						
三、心理问题与相关因素之间的联系（因果关系或相关关系）						

（2）必须认真对待资料来源可靠性和资料的真实性。未经验证的资料不能作为分析问题的依据。按先后次序，列出临床表现，再列出收集到的各类与临床有关的资料，进行对比和分析。资料分析不能有主观随意性，要符合客观逻辑。

（3）找到心理问题的关键点。一是该因素是多数临床表现的原因或者与多数临床表现有内在联系；二是该因素在个体发展中持久地存在并随着生活环境的变化改变自身的形式，但其本身性质不变。

（二）对来访幼儿形成初步印象，对一般心理健康水平进行分析

心理咨询师对来访幼儿的临床资料进行分析整理后，必须对幼儿的心理和行为问题就类别和严重程度形成大致的判断。在实际操作的过程中应避免“贴标签”，要以现实的临床表现为依据。同时对来访幼儿当前的一般健康水平予以评估。主要工作程序与要求如下：

（1）根据心理健康水平评估指标，对来访幼儿心理健康水平进行衡量。

（2）选择有效的测评工具对来访幼儿的问题进行量化评估。

（3）对某些含混的临床表现进行鉴别诊断，初步区分一般心理问题和严重心理问题。

（4）对难以确诊的案例，可以通过会诊进行类别和严重程度的判断。

（三）确定来访幼儿的问题是否属于健康心理咨询的工作范围

幼儿健康心理咨询的工作范围仅限于心理健康和心理不健康，心理异常不属于健康心理咨询的工作范围。

1. 掌握判断心理正常与心理异常的基本原则

（1）主观世界与客观世界统一性原则。心理学告诉我们，心理是脑对客观现实的反映，所有正常的心理活动和行为，必须在形式上和内容上与客观环境保持一致，我们称之为“统一性标准”。人的精神和行为只要与外界环境失去统一，必然难于被人接受和理解。在精神科临床上，常常把“自知力”作为是否有精神病的指标。所谓“无自知力”或“自知力不完整”，是一种来访者对自身状态的反应错误或统一性原则丧失的状态。在心理咨询的过程中，本应以客观现实来检验来访者自身的感知和观念，以认知与客观现实的一致性为前提，但是，由于幼儿心智还未成熟，常常将想象中的当成是现实存在的，将未发生的当成已发生的，再加上“自我中心”、“泛灵论”、思维的不可逆性、“第一反抗期”等，在动作、语言、思维、情绪方面与成人存在很大的差异性，幼儿心理咨询师应时刻将这些特点了然于心，以免造成诊断错误。

（2）精神活动内在协调一致性原则。心理学常把人类的精神活动分为认知、情绪、意志等部分。然而，精神活动是一个完整的统一体，各种组成成分之间应该具有协调一致的关系，这种协调一致性能够保证人在反映客观世界过程中的准确性和有效性。例如，一个幼儿被给予食物或玩具时表现出躲避、恐惧，或是家长离开时表现出快乐、喜

悦的反应，我们就可以猜测他的精神活动失去了协调一致性。

（3）人格相对稳定性原则。每个人在自己长期的生活过程中都会形成独特的人格。我们平常说“三岁看大，七岁看老”，幼儿早期的人格特点通常具有一定的稳定性，在很大程度上可以预测他们成人期的人格表现。人格的相对稳定性可以作为区分心理正常和心理异常的标准之一。例如：一个爱唱爱跳、性格活泼的幼儿突然变得冷淡退缩，或者一个与人为善、乐于助人的幼儿突然开始骂人、打人，攻击性行为突出。如果我们在他的生活环境中找不到足以促使他发生如此改变的原因时，我们可以猜测他的精神活动可能产生了一些问题。

2. 对来访幼儿具有典型意义的某些特异行为表现进行定性

问题行为是相对于幼儿的正常行为而言的，二者处于一个连续体的两端。幼儿的问题行为常表现为行为不足、行为过度和不适当行为。幼儿的若干异常心理行为表现，具有诊断和鉴别诊断意义。例如：患有自闭症的幼儿一般感觉异常、智力异常，存在交流障碍和重复刻板行为。多动症的幼儿表现为注意力不集中、活动过度、冲动任性，等等。

3. 确定工作范围

第一，明确自己的胜任力。幼儿心理咨询师应对自己的胜任力有正确的认识，这是心理咨询师基本伦理原则的要求。

第二，从理论上讲，健康心理咨询的主要对象是有一般心理问题和严重心理问题的幼儿。

第三，对于心理异常的幼儿，幼儿心理咨询师只能进行有条件的辅助性工作。

4. 注意事项

（1）幼儿心理咨询师只有获得相关资质后才能对来访幼儿进行心理咨询。

（2）超出自身胜任力的咨询案例应进行会诊，必要时转诊。

（3）发展性咨询是幼儿心理咨询的主要组成部分，幼儿心理咨询师应加强对幼儿发展性问题的深入探索，对待来访幼儿应尽力而为，必要时进行转诊。

（四）一般心理问题的诊断

一般心理问题是由现实因素激发、持续时间较短、情绪反应能在理智控制之下，尚未严重破坏社会功能、情绪反应尚未泛化的心理不健康状态。[①] 在幼儿心理咨询的过程中，常常出现幼儿因母亲离开、去早教机构、上幼儿园而产生的分离焦虑，因听故事、看视频、成人恫吓产生恐惧等，很多属于一般心理问题的范畴。幼儿一般心理问题诊断

① 郭念锋. 国家职业资格培训教程：心理咨询师（基础知识）[M]. 北京：民族出版社，2011：333.

工作程序和要求如下：

（1）分析来访幼儿的心理问题是否有器质性病变。

（2）根据区分心理正常与心理异常的标准，分析来访幼儿是否属于心理异常。

（3）分析来访幼儿的内心冲突。

（4）分析来访幼儿情绪是否泛化，与严重心理问题相区别。

（5）确定来访幼儿心理问题持续时间、心理、生理及社会功能受影响的程度。

（6）形成初步诊断。

由于重大生活事件对来访幼儿产生的刺激非常强烈，对幼儿的影响比较大，幼儿心理咨询师尤其是处于实习期的咨询师应提高警惕，不能因为情绪问题持续时间短就简单地认为是一般心理问题，按照一般心理问题进行处理。应根据来访幼儿心理状态、受影响的程度进行深入分析，随时做好转诊的准备。

知识链接

泛化是指引起求助者不良的心理和行为反应的刺激事件不再是最初的事件，同最初刺激事件相类似、相关联的事件（已经泛化），甚至同最初刺激事件不类似、无关联的事件（完全泛化），也能引起这些心理和行为反应（症状表现）。

（五）严重心理问题的诊断

通常情况下，对于幼儿来说，环境、家庭关系的改变，都属于高强度的刺激。严重心理问题是由相对强烈的现实因素激发，初始情绪反应强烈、持续时间较长、内容充分泛化的心理不健康状态。[①] 主要工作程序和要求如下：

（1）分析来访幼儿的心理问题是否有器质性病变。

（2）根据区分心理正常和心理异常的标准，分析来访幼儿是否属于心理异常。

（3）分析来访幼儿的内心冲突，判断心理冲突的性质是常形还是变形。

（4）分析来访幼儿情绪是否泛化，如泛化，应了解泛化的具体表现。此外，不仅要注意区分泛化与心境对人影响的区别，而且要将幼儿的特点与成人的特点相区别。

（5）确定来访幼儿心理问题持续时间、心理、生理及社会功能的受损程度。

（6）形成初步诊断。

① 郭念锋. 国家职业资格培训教程：心理咨询师（基础知识）[M]. 北京：民族出版社，2011：335.

（六）提出心理评估报告

心理评估报告是综合初诊材料，对来访幼儿的问题性质、严重程度及可能原因做出的评估，主要确定来访幼儿心理、生理及社会功能的哪些方面出了问题，问题是怎么表现的，引发问题的关键点和原因是什么。主要工作程序和要求如下。

1. 核实临床资料

一般使用调查法向来访幼儿的父母、祖父母、兄弟姐妹、玩伴等进行了解核实。

2. 评估来访幼儿的心理、生理和社会功能状态

当幼儿心理咨询师向来访幼儿家长询问“您希望幼儿在哪方面得到我们的帮助”时，来访幼儿家长常会对幼儿的心理、生理和社会功能状态做出一些回答，但这些回答的内容可能只是来访幼儿心理、生理或社会功能的某一方面。幼儿心理咨询师应善于观察幼儿在游戏或操作中的言语、动作、表情等外在行为中蕴含的信息，再加上前面获得的临床资料，相互佐证评估幼儿的心理、生理和社会功能方面的表现。

3. 分析导致心理问题的原因

对来访幼儿的心理、生理及社会功能状态做出评估通常是一种现象学诊断。为了解决幼儿心理问题，心理咨询师还必须探明引发心理问题的原因，应分别对其在来访幼儿心理问题的发生中所起的作用大小做出评估。精神分析学派强调潜意识的冲突、情结的作用；行为主义学派强调条件反射的形成、强化；认知心理学强调不恰当的认知方式；人本主义心理学强调自我成长的力量。心理咨询师在做原因诊断时，需要先将各种理论融会贯通、了然于胸，具体运用过程中要因人而异、因事而异、灵活应用。

咨询师应对上述内容进行综合分析，确定来访幼儿心理问题的性质和形成原因，在此基础上撰写分析评估报告。

第三节　幼儿心理咨询方案的商定

在经历了初诊接待、咨询关系建立、将收集好的资料进行整理分析、形成初步诊断后，幼儿心理咨询的下一步工作程序主要是制定合理的咨询方案。

一、制定幼儿心理咨询目标

（一）明确为何制定幼儿心理咨询目标

心理咨询就是要帮助来访幼儿解决心理问题。咨询师能够给予来访幼儿和家长哪些

帮助，能帮助到什么程度，应该在与来访幼儿家长商定咨询目标的时候进行明确。经过心理诊断，咨询师已经对来访幼儿的心理问题有了较为全面、深刻的了解，对心理问题的成因、严重程度、持续时间，来访幼儿的认知、行为、情绪、个性等有了充分的认识。在这些必要的工作完成之后，就可以和来访幼儿家长协商具体的咨询目标和方案。心理咨询目标是咨询师通过心理咨询的理论、方法和技巧来帮助来访幼儿和家长，通过来访幼儿和家长的探索、努力，共同实现的目标。精神分析学派的咨询目标是将潜意识意识化，帮助来访幼儿处理压抑的心理冲突。行为主义学派强调可观察的行为是否出现了改变。人本主义学派把自我实现、自我成长作为咨询的目标。完形心理学派的咨询目标是帮助来访幼儿觉察此时此刻的经验，激励他们承担一定的责任，以内在的支持来对抗对外在支持的依赖。

一个好的幼儿心理咨询目标应该具备以下六个方面的基本特点：（1）具体性。例如：幼儿心理咨询师面对一位对“植物大战僵尸”中的“僵尸”产生恐怖的幼儿，咨询目标不应笼统地定位“缓解幼儿的恐惧情绪”，而应制定“在进行‘植物大战僵尸’游戏时不感到紧张”或“敢于独立画‘僵尸’形象”等一些具体的咨询目标。（2）可行性。主要体现在两个方面：一是解决心理问题的可行性。幼儿的心理问题应限于心理适应、心理发展等不健康心理问题，超出这些范围的心理异常，就不属于心理咨询的对象，不应列为幼儿心理咨询的目标。心理咨询目标应侧重突出心理学性，以解决心理问题为根本，而不是直接给来访幼儿家长的具体生活出主意、想办法。对于既有躯体疾病又有心理问题的来访幼儿，幼儿心理咨询的目标不应是解决躯体疾病，而主要是解决因躯体疾病引起的心理不适和心理问题。二是心理咨询师的能力和条件的可行性。超出自身能力和条件的心理问题，应转诊给其他能力更强的专家或机构。（3）积极性。这是指咨询目标要符合幼儿发展的需要，是来访幼儿确实想做的事。主要包含两层含义：一是咨询目标的性质是正面的、积极的；二是对咨询目标的陈述应是正面的。（4）可接受性。不仅要从解决心理问题的角度，更要从来访幼儿和家长的角度进行考虑，一定要征得来访幼儿家长的知情同意。（5）可评估性。可以从两个方面进行：一是来访幼儿外在行为表现；二是心理测验的结果。（6）多层次性。既有一般目标，又有特殊目标；既有近景性目标，又有远景性目标；既有局部目标，又有整体目标。有效的心理咨询目标应该是多层次目标的协调统一，使幼儿心理咨询师和来访幼儿家长更加清楚努力的方向，促进双方的沟通和合作，提高咨询效率和效果。

心理咨询目标是评估和检验心理咨询效果的标准。评估心理咨询效果是把心理咨询方案实施后的效果与心理咨询目标进行比对，看看两者之间的差距。在幼儿心理咨询实施的过程中，会经常将咨询的效果与目标进行对照，根据效果和咨询目标的差距调整咨询内容、方法和进度，尽量接近和实现咨询目标。有无制定明确的心理咨询目标，是判断心理咨询科学性、规范性的重要标志，也是良好咨询关系的重要保障。因此，为了保证心理咨询能够取得比较好的效果，在咨询正式开始之前，幼儿心理咨询师应当协同来访幼儿家长一起制定心理咨询目标。

（二）做好制定咨询目标的前期准备

在心理诊断的基础上，幼儿心理咨询师应在全面、准确地了解来访幼儿具体心理问题、问题性质、持续时间以及在对来访幼儿情绪、行为、个性特征进行充分了解的前提下与来访幼儿家长协商咨询目标。咨询师进一步收集资料可以围绕以下七个问题进行[①]：

（1）“Who”。来访幼儿是谁？咨询师不仅要详细了解来访幼儿的月龄、健康状况、行为模式、情绪变化、人格特点等，还应了解来访幼儿的成长史、兴趣爱好、能力水平、对人对事的态度、习惯等，这些了解可能成为来访幼儿心理问题产生的原因，也影响咨询师选择咨询策略和方法。除此之外，还应根据咨询的实际需要了解来访幼儿的成长环境、家庭背景以及人际关系、生活状况，这些往往是心理问题产生的背景。

（2）“What”。发生了什么事？咨询师了解来访幼儿身上或身边发生了哪些具体事情、心理问题是什么以及相关的细节。

（3）“When”。什么时候发生的？咨询中要了解典型事件发生的具体时间，是现在还是过去的某个时间？发生过多少次？最早是什么时候？情况如何？

（4）“Where”。事情是在哪儿发生的？了解事情发生的地点或环境。

（5）“Why”。事情发生的原因是什么？是直接原因还是间接原因？是表层原因还是深层原因？原因有哪些？

（6）“Which”。事情与哪些人有关？除了自己外，与家人、同伴、老师、亲友等有没有关系？

（7）“How”。事情是怎样发展演变的？事情发生后，来访幼儿的感觉如何？他的情绪、反应、行为是如何表现的？有没有得到他人的支持和帮助？从发生到现在，有怎样的变化？

因咨询时间有限，幼儿心理咨询师应在较短的时间内获得以上信息，需要提高询问的技巧，应采用热情、诚恳、平等、负责的态度，针对不同对象、不同心理问题采取相应的会谈方式。如考虑到来访幼儿的年龄特征，由于他们思维和语言表达还未发展成

① 郭念锋. 国家职业资格培训教程：心理咨询师（三级）[M]. 北京：民族出版社，2011：68-69.

熟，不善于描述内心感受，更不会像成人一样谈论心理问题，因此心理咨询师应选择幼儿最喜欢的游戏，边玩边谈。在心理咨询过程中，咨询师还应考虑来访幼儿在性格特征、心理问题特征、文化特征等方面的差异，灵活进行。

（三）如何与来访幼儿家长一起制定心理咨询目标

1. 发现来访幼儿的突出心理问题

咨询师应想办法弄清楚来访幼儿的突出心理问题是什么，有针对性地与来访幼儿家长协商咨询目标，解决幼儿的心理问题。针对来访幼儿家长可能并不很清晰地了解幼儿的问题所在，或是认识到了问题但无从下手，加之对心理咨询了解有限，不知道可以从咨询中得到什么，咨询师可以通过一些开放式的询问，促使来访幼儿家长思考自己想要的同时也是可以实现的咨询目标，如“您希望通过咨询达到什么目的？”“您希望解决孩子的什么问题？”“您希望达到什么程度？”等。随着咨询的深入，咨询师如果发现来访幼儿家长原先没有意识到的更深层、更核心的问题，应引导来访幼儿家长重新确立咨询目标。

2. 明确优先解决的幼儿心理问题

为了提高咨询效率和效果，通常可以先解决主要问题，后解决次要问题，也可以先解决次要的、容易的问题，再解决主要的、困难的问题。鉴于有时来访幼儿的问题并不存在直接的内在联系，问题彼此各自独立，这时，就应该区分问题的轻重缓急，按照重要性和迫切性排序，与来访幼儿家长协商确定一个问题展开咨询。

3. 协商确定幼儿心理咨询目标

如果咨询师和来访幼儿家长的目标不太一致，经双方讨论还是难以统一，这种情况下应以来访幼儿家长的目标为主。咨询师不能强行要求来访幼儿家长接受咨询师的目标，可以随着咨询的深入、相互了解的加深、咨询关系的巩固，双方逐渐调整，最终趋于一致。

4. 整合幼儿心理咨询目标

咨询师应该把不同的咨询目标视为从一般、普遍、宏观、远景的目标到特殊、具体、微观、近景的目标的一个连续体，从大目标着眼，小目标入手，辨证处理两种目标的关系，以来访幼儿的自身成长作为咨询师努力的方向，最终实现具体目标和终极目标的有机结合。

二、制定幼儿心理咨询方案

幼儿心理咨询师在与来访幼儿家长经过充分交流，对来访幼儿在游戏和活动中的行为进行充分观察，了解了来访幼儿心理问题的情况，确定了心理咨询的目标后，下一步就要制定解决心理问题的方案了。制定解决幼儿心理问题的方案是一个以咨询师为主导的综合过程，是做好心理咨询工作的重要环节。

（一）心理咨询师的工作职责

1. 进行系统深入思考

解决来访幼儿心理问题的核心，是确定对其采取何种咨询方法或干预方式可能最有效果，这也是制定解决心理问题的方案时所要考虑的中心问题。心理咨询师应利用前期工作中收集到的资料，结合咨询师、来访幼儿、来访幼儿家长的情况，思考有关因素之间的关系以及与来访幼儿的关联和影响。主要内容包括：来访幼儿的个体特征、心理问题的具体表现、应对方式和阻抗水平；咨询师在咨询方法上的偏好和自己能够掌握、能够正确应用的咨询方法和技术；来访幼儿心理问题的有关文献资料和操作经验，已有的支持的、对症的咨询方法。除此之外，还应注意：（1）不能迷失方向。随着咨询的深入，来访幼儿和家长可能会发生情绪上或认知上的转变，是继续做下去还是做一些调整，是增加干预还是维持现状，心理咨询师要做到目标明确，心中有数。（2）要把握重点。系统思考并不意味着事无巨细，“眉毛胡子一把抓”，而是在理清问题发展脉络的同时找到主要问题的主要方面，把握问题的关键点。（3）要有灵活性和创造性。这就要求心理咨询师在自己、来访幼儿、来访幼儿家长三者之间能够灵活变通地运用心理咨询咨询方法和技术。①

2. 选择适切的咨询方法和技术

心理咨询师在了解了来访幼儿的心理问题的表现、性质和程度后，需要根据咨询目标选择适合的咨询方法。应注意以下问题：（1）选择对症有效的方法，尽量能够标本兼治。（2）优先选用简单、容易操作的咨询方法和技术，能用一种方法解决问题，就不用多种方法和复合方法，不追求方法的“高大上”。（3）尽量选用低成本的方法和技术，降低来访幼儿家庭经济负担。（4）来访幼儿的心理问题较为严重时，可以先选用适当的方法减轻痛苦，然后再从根本上解决核心的心理问题。（5）无论哪种心理咨询方法和技术都有局限性，都有可能在实际咨询的过程中无显著作用。

3. 审慎提出心理咨询方案

一般情况下，幼儿心理咨询方案包括以下内容：（1）来访幼儿心理问题的性质和程度。（2）拟采用的咨询方法和技术。（3）主持心理咨询的咨询师的介绍。（4）心理咨询

① 石向实．心理咨询的原理与方法［M］．杭州：浙江大学出版社，2010：183-184．

的时间安排，包括咨询阶段的划分、预计咨询的次数、每次需要的时间、咨询时间的间隔等。（5）咨询的预期效果以及效果的评估。（6）应变措施。如果心理咨询工作进展不顺利或未收到预期效果，可以采取的补救措施。（7）咨询费用及收费依据。心理咨询师在形成初步心理咨询方案后，需要向来访幼儿家长进行具体、清楚的讲解，争取他们的支持和配合，征得来访幼儿家长同意后方可实施。

（二）来访幼儿家长的工作职责

心理咨询师应当要求和鼓励来访幼儿家长发挥主动性，促进良好咨询效果的实现。来访幼儿家长工作职责包括以下两个方面。

1. 了解幼儿心理咨询目标和咨询方案

来访幼儿家长应当主动了解心理咨询目标，同心理咨询师一起协商和制定心理咨询目标，明白咨询目标对幼儿的意义，增强对心理咨询师的信任。来访幼儿家长也应主动了解心理咨询方案，消除对心理咨询的恐惧和不信任感，增强自信，对心理咨询产生期望，有助于产生良好的咨询效果。

2. 紧密配合心理咨询师工作

来访幼儿家长应当积极配合心理咨询师的工作，按照咨询师的要求讲述幼儿的具体情况，完成咨询师布置的家庭作业。

第四节　幼儿心理咨询的实施

一、实施心理咨询方案的基本策略

（一）调动来访幼儿及幼儿家长的积极性

心理咨询的实质是心理咨询师利用心理学的理论、方法和技术帮助来访幼儿，促使他们产生改变，从而实现咨询目标。为了使幼儿心理咨询取得进展，关键是处理好与来访幼儿及幼儿家长的关系，争取他们的积极配合。

（二）对来访幼儿进行启发、引导、支持与鼓励

面对来访幼儿，心理咨询师不应该是老师、道德法官。在咨询实施过程中，心理咨询师既要启发引导，帮助来访幼儿认识自身的问题；还要支持和鼓励幼儿，并与幼儿家长讨论克服阻碍咨询的因素，合力推动来访幼儿进行探索，向咨询目标前进。

二、参与性技术及其运用

（一）倾听技术

倾听是心理咨询的第一步，是咨询师的基本功。倾听既是咨询师职业理念的体现，也是咨询师咨询技能的展现。心理咨询师的倾听是在接纳的基础上，积极地听，认真地听，关注地听，有适当参与地听，不仅仅用耳朵听，更是在用心去听，听的同时可以用“嗯”“是的”“我明白了”“您可以说得更详细些”等简单的词、句子和一些动作来鼓励来访幼儿和家长把会谈继续下去，其中最常用、最简单的动作是点头并配合目光的注视。倾听同时也是建立良好咨询关系的基本要求。倾听既可以表达对来访幼儿和家长的尊重，同时也能促进来访幼儿和家长顺畅表达，使之在比较宽松和信任的氛围下诉说问题、宣泄情绪，实现自我发展、获得成长。倾听本身就具有助人的功能。心理咨询师不应随意干扰、打断或转移来访幼儿和家长的话题并急于下结论，阻碍咨询的进行。

（二）提问技术

1. 开放式提问技术

开放式提问技术就是心理咨询师提出的问题没有预设的答案，来访幼儿和家长也不能简单地用一两个字或一两句话来回答，从而尽可能多地收集来访幼儿的相关资料信息。收集资料时一般常用开放式提问，用来了解来访幼儿的问题、原因、程度等，提问应本着平等、中立的原则，所提的问题不应带有倾向性，也不应该带有感情色彩。如：“你说晚上睡不着觉，能和我说说睡不着时在想些什么吗？”“您的孩子在幼儿园的情况是怎样的？”“是什么原因使您带孩子前来咨询呢？”心理咨询师通过开放式提问，可以获得所需要的一些事实资料。例如，“您为了解决幼儿的问题做了些什么？”，通过来访幼儿家长的回答，可以掌握事实真相。“您是如何看待孩子的这个问题的？”，可以了解事件的过程和次序。“不喜欢和幼儿园小朋友交朋友，是什么原因呀？”，可以引出一些对原因的探讨。“你能不能告诉我为什么这么害怕黑夜？”，可以促使来访幼儿进行思考。

2. 封闭式提问技术

封闭式提问技术是指心理咨询师提出的问题带有预设的答案，来访幼儿和家长的回答不需要展开，从而使咨询师可以明确某些问题。封闭式提问一般在明确问题时使用，用来澄清事实，获取重点，缩小讨论范围。当来访幼儿和家长的叙述偏离正题时，还可以用封闭式提问适当地中止其叙述，避免会谈过分个人化。封闭式提问所提出的问题经常使用“是不是”“对不对”“要不要”“有没有”等词，回答也是“是”“否”式的简单的答案。如“你在幼儿园有没有朋友？”“幼儿园的老师喜欢不喜欢你？”。封闭式提问一般不能过多使用，否则可能使来访幼儿或家长陷入被动回答之中，其自我表达的积极性和愿望会受到压制，产生压抑感和被责问的感觉，继而以沉默对待咨询师，阻碍咨询的进程。

（三）鼓励技术

鼓励技术是指心理咨询师通过语言等对来访幼儿和家长进行鼓励，促使其进行自我探索和改变。鼓励技术具体可以表现为咨询师直接地重复来访幼儿的话或仅以某些词语、简单问话（如“嗯”“还有吗？”等）来强化来访幼儿和家长叙述内容并鼓励他们进一步表达和探索。鼓励技术的另一个作用是通过对来访幼儿家长所述内容的某一点、某一方面作选择性关注，引导来访幼儿向着某一方面作进一步深入的探索。例如，一位幼儿家长说：“我的孩子在幼儿园经常被其他孩子欺负。我和孩子的父亲对被欺负时孩子应该怎么做有不同意见。我认为谁打他他就应该打回去，而孩子的父亲认为孩子应该和幼儿园小朋友处好关系，让他打回去怕没人和孩子玩。我不知道该怎么办？”鼓励来访幼儿家长表达不同的主题可以引导来访幼儿家长朝着不同的方向探索，达到不同的深度。上例中，可以选择“您说孩子在幼儿园被其他孩子欺负？”“您说您和孩子的父亲有不同意见？”“您不知道怎么办才好？”等，鼓励和引导来访幼儿家长朝着不同的方向进行探索。心理咨询师应把握来访幼儿家长所谈的内容，根据咨询目标的需要及经验有选择性地给予鼓励。

（四）重复技术

重复技术就是心理咨询师直接重复来访幼儿或家长刚刚陈述的某句话，引起来访幼儿和家长对自己某句话的重视或注意，以明确要表达的内容。针对咨询中有些来访幼儿的表达常常是令人不解的，或与事实不符，或与常理不符，或前言不搭后语，可以应用重复技术予以澄清。例如，有来访幼儿说：“我家树上结了三个桃子，第二天又结了五个”“那天我很生气，一口气吃了三碗饭”“我和某某某是好朋友，我不喜欢他”。此时，咨询师应通过重复技术明确幼儿上述语言是因为口误，还是因为认知水平所限，是来访幼儿的期望，还是他的问题所在。通过重复技术，咨询师对来访幼儿的理解会更加深入、准确，促进咨询的顺利进行。使用重复技术时需要注意：该技术只在来访幼儿或家长的表达出现了疑问、不合理等情况下使用，如果使用过多可能会造成来访幼儿和家长的误解，甚至怀疑心理咨询师的能力。

（五）内容反应技术

内容反应技术也称“释义技术”或“说明”，是指心理咨询师把来访幼儿和家长陈述的主要内容经过概括、综合与整理，用自己的话反馈给他们，以达到加强理解、促进沟通的目的。心理咨询师在使用内容反应技术时，最好引用来访幼儿或家长最具有代表性的、最敏感、最重要的词语。例如，面对一个入园困难幼儿的母亲，心理咨询师说：“请您谈谈每天孩子入园前后的情况吧。”来访幼儿母亲从前一晚幼儿的入睡困难讲起，到第二天一早幼儿的赖床，抗拒穿衣、洗漱，吃饭拖拉，不愿向幼儿园方向走，走一步退三步，等等。来访幼儿母亲讲了半个多小时，咨询师是否了解了来访幼儿？是否明确了来访幼儿的问题？是否把握了其中内在的逻辑关系？此时需要使用内容反应技术。如心理咨询师说：“您刚才提到孩子上幼儿园前一天晚上入睡困难，第二天赖床，不配合去幼儿园。孩子每次都是这样吗？”通过内容反应技术，促进咨询师对来访幼儿行为状况深入、准确的理解。内容反应技术的另一个目的是使来访幼儿家长有机会再次剖析自己的困扰，重新组合那些零散的事件和关系，深化会谈的内容。如一位来访幼儿的母亲谈到自己与幼儿的关系时说道：“孩子有时黏着我，有时躲着我。当我下班回来时，能看出来他很高兴，但是不一会儿就不愿意和我待一起了。有时我出门时，他也会哭闹，回来时却对我不理不睬。”心理咨询师可以进行内容反应：“您说您在和孩子的相处中发现他既希望您回来，回来后又不理不睬。是这样吗？”来访幼儿家长对咨询师的反应进行了思考，觉得咨询师是理解自己的，可以进行深入的探索。此外，心理咨询师的内容反应技术还可以达到帮助来访幼儿家长更清晰地做出决定的目的。如前面的例子，心理咨询师的内容反应是：“幼儿入园困难，是因为前一晚没休息好，睡眠不够，还是因为第二天早晨的拖拉？您现在需要思考的是保证幼儿的睡眠时间，或是改变幼儿早晨的作息习惯，是这样吗？”

（六）情感反应技术

情绪往往是来访幼儿和家长内心的外露，经由对来访幼儿和家长情绪的了解可以进而了解来访幼儿和家长的态度、想法等。相比于成人，幼儿的情绪、情感反应更加直接、外显。情感反应技术是指心理咨询师把来访幼儿或家长陈述的有关情绪、情感的主要内容经过概括、整理与综合，用自己的话反馈给来访幼儿和家长，以达到加强对他们情绪、情感的理解，促进沟通的目的。一般来说，内容反应和情感反应是同时的。比如，“您说您每次送孩子去幼儿园都迟到，是这样吗？”，这是内容反应；而“每当这时您感到烦躁、易怒，是这样吗？”，这是情感反应。很多时候心理咨询师可以将两方面叠加起来进行。情感反应最大的作用就是捕捉来访幼儿和家长瞬间的感受，发现问题所在。情感反应的最有效方式是针对来访幼儿和家长现在的而不是过去的情感。“您此时情绪似乎对孩子的表现不满”比“您一直对孩子不满”更有效。富有技巧的心理咨询师擅长寻找来访幼儿或家长困扰中的情绪而予以突破。如对不安全型依恋的发现和解决。

（七）具体化技术

具体化技术指心理咨询师协助来访幼儿和家长清楚、准确地表述他们的观点以及他们所用的概念、所体验到的情感以及所经历的事情，促使咨询能够顺利进行。具体化技术的应用对象主要包括以下三类情形：一是问题模糊。例如：“爸爸妈妈不要我了”“一想到孩子我就烦”“不知怎么的，孩子老喜欢从别人家往回‘拿’东西”。二是过分概括或以偏概全的思维方式。主要表现为：把对个别事件的意见上升为一般性的结论，把对事的看法发展到对人的看法，把“有时”演变为“总是”，把“过去”扩大到“现在”和“未来”。例如，来访幼儿说“幼儿园老师不喜欢我”“我再也不和某某某做朋友了”。通过具体化技术，上述问题可能表述为“幼儿园老师不喜欢我挑食”“某某某小朋友抢了我在幼儿园最喜欢的玩具”。三是概念不清。例如，来访幼儿评判幼儿园的同伴“很讨厌”，通过具体化技术澄清后发现，原来是因为最近同伴感冒了流鼻涕。

（八）参与性概述

参与性概述指心理咨询师把来访幼儿和家长的言语和非言语行为包括情感等综合整理后，以提纲的方式再对来访幼儿家长表达出来，相当于内容反应和情感反应的整合。参与性概述可使来访幼儿家长再一次回顾自己所述，并使咨询面谈有一个暂停调整的机会。参与性概述可用于一次面谈结束前，可用于一个阶段完成时，也可用于一般情况。只要认为来访幼儿或家长所说的某一内容已基本清楚就可做一个小结性的概述。

（九）非言语行为的解释和理解

正确解释和理解幼儿的非言语行为是一个优秀心理咨询师的基本功。非言语行为能提供许多言语不能直接提供的信息，甚至是来访幼儿和家长想要回避、隐藏、作假的信息。尤其是幼儿，心理的外显性较强，喜怒哀惧不仅挂在脸上，更表现在身体动作上。心理咨询师借助来访幼儿和家长的非言语行为能够更为全面地了解来访幼儿的心理活动，也可以更好地表达对来访幼儿和家长的支持和理解。针对幼儿言语内容和非言语内容的不一致，特别是非言语行为的影响因素较多的实际，心理咨询师应坚持观察来访幼儿的连续动作或动作群，特别是把动作群放在某种情境中，结合公开的和隐秘的、经常的和偶然的信息，加以整合理解与评判，避免断章取义。

三、影响性技术及其应用

（一）面质技术

面质技术又称“质疑”“对质”“对抗”“正视现实”等，主要是指心理咨询师指出来访幼儿和家长身上存在的矛盾，促使其进行探索，最终实现统一。来访幼儿和家长因为自身的原因，常常存在各种各样的矛盾，这种矛盾往往可以提示来访幼儿的心理问题。心理咨询师可以事实为依据，通过面质技术来转化。来访幼儿通常有以下四类常见矛盾：一是理想和现实不一致。例如，来访幼儿的理想是看动画片，而现实是妈妈让弹钢琴，内心冲突造成理想和现实的矛盾，从而产生苦恼。咨询师可以引导幼儿思考回答：“你很想去奶奶家看动画片，但因妈妈让弹钢琴没去成，下一步你准备怎样做？”二是言行不一致。例如，来访幼儿说“我知道咬手指不好”，但是边说边把手指放到嘴边上或放进嘴里。心理咨询师可以引导幼儿思考回答：“你说咬手指不好，一会儿又把手指放嘴里，你说该怎么办？”三是前后言语不一致。例如，来访幼儿说：“我和某某某不是好朋友，我不喜欢他……我已经和妈妈说了，周末和某某某一起去游乐场玩。”心理咨询师可以引导幼儿思考回答：“你刚才说不喜欢某某某小朋友的，周末又要和他一起去玩，为什么呢？”四是来访幼儿和幼儿家长不一致。例如，针对来访幼儿家长认为幼儿胆小、内向，而幼儿在游戏和操作过程中表现出很多探索行为并与咨询师也很聊得来的矛盾情形，心理咨询师可以引导幼儿家长思考回答：“您说您的孩子胆子很小，内向腼腆，可是我从和他玩的过程中却发现并不是这样的，这似乎存在矛盾，您可以解释一下吗？”心理咨询师在运用面质技术时，应注意避免发泄个人情绪，严格禁止无情攻击和斥责幼儿家长。

（二）解释技术

解释技术是指心理咨询师运用心理学理论来描述来访幼儿和家长的思想、情感和行为的原因、实质等。应用解释技术可以使来访幼儿和家长从一个全新的、更全面的角度来重新面对问题和困扰、面对成长环境、面对自己和关系，借助新的观念和思想来加深了解行为、思想和情感，促进理解，提高认识，产生变化。与内容反应技术不同，解释技术属于内容表达，侧重于运用心理学的理论来为来访幼儿和家长提供一种认识问题、认识自己和认识关系的新思维、新理论和新方法。心理咨询师水平高低很大程度上取决于其理论联系实际的程度，应秉持因人而异原则。针对受教育水平较高、有一定的心理学素养、领悟能力较强的来访幼儿家长，解释时可以系统、深入、全面些。对于理解能力弱、受教育水平低的来访幼儿家长，尤其是幼儿，解释应通俗易懂，要多打比方、举现实生活中的例子。

（三）指导技术

指导技术是指心理咨询师直接指示来访幼儿和家长做某件事、说某些话或者以某种方式行动。指导技术是对来访幼儿和幼儿家长进行最明显影响的咨询技术。例如，精神分析学派常常指导来访者进行自由联想以寻找问题的根源。行为主义学派常常指导来访者做各种训练，如系统脱敏法、满灌疗法、放松训练等。完形心理学习惯于做角色扮演指导，使来访者体验不同角色下的思想、情感和行为。理性情绪学派针对来访者的各种不合理信念予以指导，用合理的信念代替不合理信念。运用指导性技术时，心理咨询师应十分明确自己对来访幼儿和家长指导些什么以及指导的效果，指导叙述应清楚明确，使来访幼儿和家长真正理解指导的内容。同时，心理咨询师不能以权威的身份出现，去强迫来访幼儿和家长执行。

（四）情感表达技术

情感表达技术是指心理咨询师将自己的情绪、情感，以及对来访幼儿和幼儿家长的情绪、情感告诉他们，以影响来访幼儿和家长。心理咨询师的情感表达旨在服务来访幼儿和幼儿家长，推进咨询实施。例如，“经过三次咨询，我们已经找到了问题所在，而且孩子已经发生了明显的改变，我为您孩子的变化感到高兴。”“如果我能够获得幼儿园老师和小朋友们的喜欢，我也会非常高兴。”值得强调的是，心理咨询师一般对来访幼儿和幼儿家长只做正性情感表达，而不做负性情感表达（表达共情时除外）。

（五）内容表达技术

内容表达技术是指心理咨询师通过传递信息、提出建议、提供忠告、给予保证、进行解释和反馈，以影响来访者，促使来访者实现咨询目标。例如，在咨询开始阶段，心理咨询师介绍心理咨询到底是做什么的，解决什么问题，怎样解决问题等。在咨询过程中，心理咨询师主动表达自己的意见，特别是反映咨询师对来访幼儿和家长的看法，借此可使他们了解自己的状况，也可以从来访幼儿和家长的言语和非言语信息中得知自己的反馈正确与否，从而相应地做出调整。值得强调的是，心理咨询师在提出忠告和建议时候，一定要注意措辞应缓和，表现出对来访幼儿和家长的尊重。例如，可以用“我希望您能改变对孩子胆小的看法”，切不可用“你必须……”“你一定要……”等类似表达。

（六）自我开放技术

自我开放又被称为“自我暴露”“自我表露”，主要指心理咨询师与来访幼儿和家长共同分享自己的经验经历、感受体验、情绪情感和思想认识。心理咨询师的自我开放方式包括：一是把自己对来访幼儿的体验告诉来访幼儿和幼儿家长，可以有正面、积极、赞扬性的体验，也可以有负面、消极、批评性的体验，但是应考虑来访幼儿和幼儿家长的心情，始终做到真诚、尊重和适度。二是心理咨询师向来访幼儿和幼儿家长暴露个人经验，目的是借助自我开放来表明自己理解并愿意分担来访幼儿和家长的情绪，促使他们更多地自我开放。

（七）影响性概述

影响性概述是指心理咨询师将自己所叙述的意见、建议等组织整理后，简明扼要地表达出来。影响性概述不仅可以使来访幼儿和家长有机会再次理解咨询师所说的话，加深印象，也可使咨询师有机会回顾讨论过的内容，加入了哪些新的资料，强调了哪些特殊内容，提出重点意见或建议，为后续交谈打下基础。一般来说，在面谈结束时，心理咨询师可以小结双方做的工作，并概述自己阐述的观点。

（八）非言语行为运用

心理咨询过程中的非言语行为不仅可以起到加强言语、配合言语的作用，而且可以实时反馈，传递情感。因此，心理咨询师应重视把自己的非言语行为融入言语表达中去，渗透在咨询过程中。心理咨询师常用的非言语行为主要包括：一是目光注视。一般来说，目光注视大体保持在来访幼儿和幼儿家长的面部为好。二是面部表情。一般来说，应注意积极回应幼儿和幼儿家长的面部表情。三是身体语言。例如：低头表示陈述结束；抬头表示提问结束；大幅度体态改变表示关系的结束或思维过程、较长表达的结束。四是声音特质。通常包括音质、音量、音调和言语速度，对言语起着加强或削弱的作用。五是空间距离。应符合有助于咨询关系的建立、彼此感到适宜的原则，不仅因地制宜，也应该因人、因时、因事而异。六是服饰及其他。

四、放松训练技术

放松训练又称“松弛训练”，是一种通过训练有意识地控制自身的心理生理活动、降低唤醒水平、改善机体紊乱功能的心理咨询与治疗方法。放松训练简便易行，使用有效，较少受时间、地点等条件的限制，是来访幼儿和幼儿家长可以完全掌握的缓解紧张、焦虑等情绪困扰和躯体症状的方法。

（一）放松训练的原理

人的情绪反应包含主观体验、生理反应、表情三个组成部分。生理反应不仅受自主神经系统控制的内分泌系统影响，也受“随意”肌肉的影响，可以由人们的意念控制。放松训练的基本假设是改变生理反应，主观体验也会随着改变。放松训练是在实验基础上建立和发展起来的行为疗法中使用最广的技术之一。

（二）放松训练的操作步骤

1. 心理咨询师介绍原理

心理咨询师可以简要地对来访幼儿家长介绍放松疗法的原理和过程，争取获得幼儿家长的配合，从而间接调动来访幼儿的积极性。

2. 心理咨询师进行示范和指导

进行放松训练时，心理咨询师应多次进行示范，使用幼儿能够理解的语言和动作引导幼儿进行模仿，必要时可重复某些放松环节。为了帮助来访幼儿增强体验，可以适时加入语言暗示：“感到你的胳膊很重。”

3. 强化来访者的练习

来访幼儿在咨询中学会了放松训练的方法后，需要自行练习达到真正的放松。幼儿家长也应掌握放松训练的方法和要领，指导和帮助幼儿进行训练。放松训练有多种方法，可以采用一种，也可以混合使用。

（1）呼吸放松法。放松训练指导语为：请你选择一个舒适的姿势，站着、坐着、躺着都可以，跟着我先呼气，然后用鼻子吸气，保持 1-2-3，再把气缓缓呼出 1-2-3-4-5，呼气的时间比吸气的时间长。好！让我们来练习一下。要尽量做到深且大的呼吸，记得用鼻子深吸气，直到不能吸为止。短暂保持后缓缓地用嘴巴呼气，把气呼干净，同时脑袋里可以想，那些不高兴的事随着每一次呼气慢慢地呼出了。好！我们再来做一次。

（2）想象放松法。请来访幼儿找出一个经历过的、给自己带来愉悦的感觉、有着美好回忆的场景，可以是游乐场、美食街等，用自己多个感觉通道（视觉、听觉、嗅觉、味觉、触觉、运动觉）去感觉、回忆。

（三）放松训练的注意事项

（1）首次放松训练，心理咨询师应进行示范，减轻来访幼儿的紧张和焦虑，提供模仿信息。

（2）放松训练可以用单一的方法，也可以多个方法联合使用。

（3）提醒来访幼儿增强放松后的体验。

（4）在来访幼儿练习放松时，应引导其全身心投入，避免各种干扰，达到放松的效果。

（5）幼儿想象力强，容易受暗示，注意要使用幼儿能够听得懂的语言，紧密结合幼儿有限的经验。

五、支持简易行为矫治的阳性强化技术

（一）阳性强化技术的基本原理

阳性强化的理论来源于行为主义心理学派。行为主义认为人和动物的行为是后天习得的，是行为结果被强化的结果。如果想建立或保持某种行为，可以对其行为进行阳性刺激，即进行奖励，通过奖励强化该行为，从而促进该行为的产生和出现频率的增加，行为得以产生或发生改变。阳性强化是建立、训练某种良好行为的治疗技术或矫正方法，也称为“积极强化”或“正强化”。通过及时奖励目标行为，忽视或淡化异常行为，促进目标行为的产生。咨询中只要合理安排阳性强化的顺序，来访幼儿一般都可以慢慢达到期望的目标，所以，这种方法适用于出现行为障碍、希望改变行为的来访幼儿。

（二）阳性强化技术的操作过程

1. 明确目标行为

在进行行为干预前，心理咨询师首先应了解来访幼儿的基本情况，搞清楚问题的成因。然后和家长确认来访幼儿需干预的适应不良或异常行为的主要症状表现，即目标行为。目标行为应当是可以客观测量与分析、能够反复进行强化的。目标行为越具体越好，如幼儿家长希望幼儿养成爱看书的习惯，幼儿也愿意这样，看书这一可观察、可评估的行为就成为目标行为。如果目标行为不具体或无法进行评估，则难以操作。

2. 监控目标行为

心理咨询师应在仔细观察和记录目标行为发生的频率、强度、持续时间和影响因素的基础上确定目标行为的基础水平。此时要特别注意目标行为的直接后果对不良行为所产生的强化作用。如幼儿什么时间看书，看多长时间，是什么影响了幼儿看书等。

3. 设计干预方案，明确阳性强化物

心理咨询师应与来访幼儿家长一起设计干预方案或塑造新行为的方案，以取得来访幼儿和家长的积极配合。此时不但应确认需要被干预或塑造的行为，还应确认采用哪种干预方法及怎样干预，并且要确定使用哪种强化物，以达到最佳的强化效果和干预目的。同时还应该根据实际情况灵活调整干预方案，最终使新的行为结果取代以往不良行为产生的直接后果。阳性强化物应该是现实可行的、可以达到的，对来访幼儿无害且具

有足够的吸引力，是他需要的、喜欢的、愿意接受和拥有的，只有这样才能对来访幼儿起到强化的作用；并且需要同时使用内外强化物，按照渐进的强化时间表促使来访幼儿的行为朝着期望的方向发展。如可以与幼儿商定，当看书这一目标行为出现时给予什么奖励。

4. 实施强化

应将目标行为与阳性强化物紧密结合，当来访幼儿出现目标行为时应立即予以强化，向来访幼儿讲清楚被强化的具体行为、目的、意义和方法，使来访幼儿家长了解干预的目标，理解所用技术和方法的目的及意义，明确该怎么做，帮助幼儿确立信心，积极配合实施强化。当目标行为按期望的频率多次发生，就应当逐渐消除具体的强化物，而继续采用社会性强化物或者间歇性强化的方法，以防出现对强化物脱敏的现象。另外，为了收到好的效果对幼儿尽量不要拖延时间强化。如当幼儿出现看书这一行为时，应该立即对其进行阳性强化，给予奖励或表扬，实现看书的目标行为与阳性强化物及奖励或表扬的结合，逐渐养成爱看书的习惯。

5. 追踪评估

随着咨询的深入和干预的发展，心理咨询师应该让来访幼儿家长也掌握和使用干预方法，学会把干预情境下所获得的效果巩固下来，并在干预结束之后，进一步调动来访幼儿的积极性，使来访幼儿把疗效迁移到日常生活情境中，进行周期性的评估。如已经用阳性强化法使幼儿养成爱看书的习惯，可以建立信心，利用学到的方法举一反三，将其应用到其他需要改变的行为上去，从而改变不适行为，建立良好行为，获得发展。

（三）阳性强化技术使用的注意事项

（1）目标行为应单一、具体。如果目标行为有多个，需要一个一个地进行，不能同时开展。

（2）阳性强化应该及时、适当。应该在行为出现时进行，不可提前，也不可推后。强化的强度也要适当，如果过大，可能造成动机过强，后期强化缺乏；如果过小，则无法达到刺激的强度，强化失效。

（3）随着时间延长，强化物应由物质逐渐转化为精神，待目标行为固化为习惯后，最终撤销强化物。

（四）常用的阳性强化方法

1. 增强法

主要包括：（1）正强化，是指给予正性强化物（来访幼儿所喜欢的刺激）；（2）负强化，是指撤销惩罚物（来访幼儿厌恶的刺激）。两者都可以用来鼓励来访幼儿产生受欢迎的行为和抑制不受欢迎的行为。例如：要鼓励幼儿专心听故事，可给予奖励，这就是正强化；如幼儿不好好听故事就要受到惩罚，一旦发现幼儿专心听故事，就可以通过撤销惩罚来强化幼儿变好，这就是负强化。

2. 惩罚法

主要包括：（1）一般性惩罚，主要是批评。（2）特殊性惩罚，包括束缚身体、隔离和厌恶疗法等。其中，厌恶疗法包括给予电击、催吐剂等，颇受争议，在幼儿心理咨询的过程中一般不会采用。还有一种特殊而温和的厌恶技术——饱和策略，是指咨询师主动提供大量的来访幼儿所追求的目的物，让来访幼儿享受到极限之后，产生生理上的不适，进而解除来访幼儿的不适当要求，或减弱不良反应。例如：要矫正来访幼儿乱撕扯衣服的坏习惯，咨询师可以向幼儿提供大量的破旧衣物，督促他反复去撕扯，即使幼儿感到累了，不想撕扯了，也要让他继续撕扯，直到他感到厌恶主动央求咨询师把衣物拿走为止。

3. 消退法

消退法是指对不良行为不予理睬，不给予强化，使之渐趋削弱直至消失。例如，幼儿因为某种原因无理取闹，用哭闹的方式来引起大人的注意，达到自己目的。此时，父母的劝说或打骂都可能成为强化幼儿继续哭闹的手段。而父母不予注意、不予理睬，就和没看到一样，幼儿的无理取闹行为可能慢慢减弱，最后消失。

4. 代币法

代币法是一种利用强化原理促进更多的适应性行为出现的方法。代币是指可以在某一范围内兑换物品的凭证，形式有小红旗、小红花、小票券等。来访幼儿可以使用所获得的这些代币换取自己所需的物品。用这种方法可以促使幼儿减少不良行为，促使其生活习惯好转，恢复社会功能。这一方法适用于培养幼儿的适应性行为。

（五）建立新行为的阳性强化技术

1. 行为塑造技术

行为塑造是通过强化手段，矫正幼儿的行为，使之逐步接近某种适应性行为模式的强化治疗技术。在行为塑造过程中，多采用正强化的手段，即一旦所需的行为出现，就立即给予强化。行为塑造技术可用于许多行为领域，如幼儿学习社交行为和运动行为，尤其用在单一行为方式的建立时，更为有效。

2. 行为渐隐技术

在纷繁复杂、错综复杂的社会环境中，幼儿想要适当地调整自己的行为，就需要迅速而准确地抓住那些“此时此刻什么是适当行为”的环境线索。如在社交场合中，有许多约定俗成的微妙线索指示着行动，对年长的、年幼的、同性的、异性的朋友及陌生人，都要采用相应不同的交往方式。有些幼儿由于不能准确抓住这些线索，产生刺激识别缺陷，最终导致行为障碍，或做出与环境不相适应的行为，或对错误信息线索做出了反应。渐隐技术就是通过利用明显刺激线索改变非适应性行为，建立新的适应性行为的技术。具体来看，行为渐隐技术先利用明显线索，帮助幼儿形成正确的反应，然后逐渐消退这些线索，使他们达到与自然环境相同的水平，再让幼儿利用这些自然线索做出正确的反应。

总之，阳性强化可以调节或塑造来访幼儿的新行为，可用于矫正挑食、偏食，降低焦虑，矫正遗尿、孤独、多动等行为。

第五节 幼儿心理咨询的评价

一、阶段小结与疗效巩固

在幼儿心理咨询过程中，做好阶段性小结是非常必要的。阶段性小结可以使来访幼儿的心理问题更加清晰，咨询目标更加明确，从而促进咨询顺利进行。阶段性小结可以分为每次咨询结束时的小结和几次咨询结束后的小结。

（一）每次咨询效果的小结

心理咨询不是一次就能完成的，可能要经过若干次。若干次咨询构成全部咨询的必要阶段。咨询师应及时对每一次、每一段咨询的状况及效果进行小结，以便总结经验，并作出必要的调整。

阶段小结本应包括咨询师的小结、来访者的小结和来自双方共同的讨论。考虑到来访幼儿的年龄特点和认知发展水平，阶段小结主要是由咨询师来做。咨询师的小结主要侧重对来访幼儿及其问题的把握是否准确，所采取的步骤、方法是否合理有效，帮助来访幼儿实现了哪些咨询目标，来访幼儿获得了哪些成长，还存在哪些阻碍因素以及咨询过程中自己的言行是否得当等。咨询小结应紧紧围绕咨询目标进行，充分肯定来访幼儿在咨询过程中的良好表现和每一点进步。

（二）商讨下一步咨询的任务

一次咨询，特别是一段时间咨询后，咨询师和来访幼儿家长应该对照咨询方案，检验是否已经取得了阶段性成效，并探讨前一段咨询过程中尚未达到的目标、还未解决的问题；还应分析原因，咨询目标是否存在问题，是否遇到了阻抗，阻抗是如何表现的，是什么原因，找到原因后，应采取相应的解决策略。每次咨询结束时，咨询师应该与来访幼儿家长探讨下一步咨询的任务及需解决的问题。

（三）布置家庭作业

心理咨询师应该帮助来访幼儿通过咨询解决问题，获得成长。这个过程不仅是在咨询室中进行，更为重要的是在日常生活中完成的。因此许多咨询流派都强调要给来访幼儿布置“家庭作业”，如放松练习、与家长对话、完成一幅画等，并把家庭作业看成进一步巩固和扩大咨询效果的重要措施。咨询师给来访幼儿布置的家庭作业，其形式和内容可以多样化，如做手工、画画、做家务等均可。

（四）如何处理咨询中的反复

心理咨询的过程中，来访幼儿出现反复是正常的，也是常见的，咨询师和来访幼儿家长都应该有心理准备。有时，来访幼儿在咨询室里问题好像解决了，可回到现实生活中问题又出现了；前一阶段症状减轻了，过段时间又出现了或加重了。这时，咨询师要有信心和耐心，也要帮助来访幼儿和家长坚定信心。遇到反复甚至倒退，咨询师要分析具体原因，是咨询出现了失误，来访幼儿遇到了新的困难，还是改变过程中暂时的倒退？只有明确了原因，才能有针对性地进行处理。越是有反复或倒退，可能越有希望实现突破。

（五）处理咨询失误

研究发现有四种咨询结果：（1）来访幼儿存在的问题已顺利解决，实现了咨询目标，来访幼儿的适应能力明显提高，表明咨询效果显著。（2）来访幼儿存在的问题大部分解决了，咨询目标大部分实现，表明咨询效果较好。（3）来访幼儿存在的问题解决了一小部分，主要问题依然存在，大部分咨询目标没有实现，表明咨询效果有限。（4）来访幼儿存在的问题没有解决，咨询目标没有实现，表明咨询效果不明显。

如果出现上述（1）、（2）的情况，基本不需要特殊处理，如果是（3）、（4）的情况，咨询师应认真分析原因，是咨询师诊断有误，还是处置方法不当？是来访幼儿努力不够，还是幼儿家长不够配合？是咨询目标定得太高，还是出现了新的问题？如果问题出在咨询师身上，应认真反思咨询的每一个环节，找出失误之处，必要时可申请督导，重新制定目标和方案。有时看起来问题出自来访幼儿，但可能是幼儿家长和咨询师的问题，应及时做出调整，进一步巩固咨询关系。有时咨询师可能由于经验、能力等原因不能满足咨询工作的要求，咨询师应果断中止咨询关系，进行转介。

二、咨询效果的评估

（一）咨询效果评估的时间

心理咨询效果评估不一定要等到咨询结束时才进行，其实整个咨询的过程中都在不断地总结、评估咨询效果，及时对咨询进行调整。咨询结束前的评估是对整个咨询过程效果的评价，更为全面和重要。

（二）咨询效果评估的内容

咨询效果的评估内容应围绕咨询目标展开，只有实现咨询目标，才是咨询效果的直接体现。如来访幼儿因不愿意与人交往前来咨询，最初商定的咨询目标是：增加人际交往，时间为每天 60 分钟。经过数次咨询后，来访幼儿和家长的信心增强，但仍然存在不愿意与人交往的状况，人际交往只增加到每天 40 分钟。说明咨询对来访幼儿产生了积极影响，有一定的咨询效果，但还没有达到预期的咨询目标。

（三）咨询效果的评估指标

（1）来访幼儿对咨询效果的自我评估（自评）。如来访幼儿原来害怕的事物现在不怕了，原来没有朋友现在有了等。

（2）来访幼儿社会功能的恢复。如原来不愿意去幼儿园，现在愿意去了；原来不爱和人说话，现在能主动与人打招呼了等。

（3）来访幼儿的家长、小伙伴和老师对他的评定。如家长和老师报告来访幼儿不再乱发脾气、摔东西、咬人了，与家人、老师和幼儿园小朋友的关系变好了等。

（4）来访幼儿咨询前后心理测量结果的比较。如通过咨询，来访幼儿心理状况的量表分数发生了改变，咨询取得了效果。

（5）咨询师的观察与评定。根据咨询师的观察，来访幼儿在行为习惯、情绪方面发生了变化。如更加积极、更加开朗等。

（6）来访幼儿的某些症状的改善程度。原来困扰来访幼儿的心理、生理症状改善状况也可以用来评价咨询效果。如哭闹行为、夜惊现象、尿床现象等经过咨询逐渐减少或完全消失等。

以上评估咨询效果的维度或指标可以单独使用，也可以综合使用。为了避免出现偏差，应尽可能从多个维度或指标进行评估。但要注意，来访幼儿对咨询咨询效果的评估因其年龄和认知的不成熟只是一种粗略的主观评定，可能受到很多因素的影响，导致来访幼儿的主观体验与实际效果可能存在一定的差距。因此，必须采用多种指标或多维度评估，才能使咨询效果的评估更加科学和客观。

（四）咨询效果的阶段性分析和全程性分析

一个完整的心理咨询过程是由若干次咨询及一系列步骤所组成的。如何使每次咨询既有独立性又有连续性，达到循序渐进、稳步提高的效果，需要咨询师酌情把握。

每次咨询都应该有一个相对完整的过程，有咨询目标，有开始、经过、高潮、结尾，形成一个相对独立的咨询单元。每次咨询都应体现出一定的咨询效果，只有这样，来访幼儿和家长才会有信心继续咨询。由于许多咨询案例不是一次就能完成的，因此需要把每次咨询有机地联系起来，每一次的咨询既能为本次咨询画上一个句号，又为下一次咨询的深入和发展打下基础。总之，独立性和连续性的统一所形成的整体效果是每次咨询效果量变积累的成果。

三、咨询关系的匹配与转介

（一）选择合适的咨询对象

不是所有的来访幼儿都适合咨询，同样，也不是适合咨询的来访幼儿都适合每一位咨询师。咨询师和来访幼儿之间存在互相选择的问题，这就是咨询关系的匹配问题。一般来说，适宜的来访幼儿应具备以下条件：（1）有咨询动机；（2）无明显人格障碍；（3）信任咨询师；（4）能够按照咨询师的意见采取行动；（5）与咨询师的匹配性好；（6）智力正常；（7）心理问题属于咨询范围。

（二）判断来访幼儿是否适宜进行咨询

有些幼儿的情况不属于心理咨询的范围，如脑部有器质性病变的幼儿、以躯体疾病为主的幼儿、智障幼儿等。遇到这些情况，咨询师应介绍他们去更适合治疗的医院和专业机构。并不是所有适合咨询的来访幼儿都适合特定咨询师做咨询，例如，该咨询师受训的重点和擅长的内容与来访幼儿差异较大，该咨询师在价值观念、情感方式和咨询内容上对某些来访幼儿、幼儿家长有一定程度的偏见和忌讳；该咨询师和来访幼儿在个性特点上存在着不协调甚至冲突；来访幼儿家长对该咨询师的理论方法不信任等。

（三）对咨询关系不匹配的处理

咨询师只要发现咨询关系中存在不匹配的情况，就应主动予以处理。咨询师应反思是否将自己的价值观、生活态度、生活方式等强加给来访幼儿和家长，主动进行自我调整，化解咨询危机，如无法实现匹配，可以进行转介。转介指当咨询中出现某些不适宜咨询的情况时，咨询师将来访幼儿和家长转介给其他咨询师，由更加匹配的咨询师帮助来访幼儿解决心理问题。当咨询师把来访幼儿和家长转介给其他咨询师时，须持慎重态度，避免给来访幼儿造成伤害和负面影响。转介时应征求来访幼儿和家长的意见并说明理由，介绍新咨询师的专业特长，还应向新咨询师详细介绍来访幼儿的情况。

四、案例的记录、整理与保管

（一）案例记录的内容和要求

心理咨询个案记录主要包括来访幼儿的一般背景材料（姓名、性别、年龄或月龄、民族、联系方式等）、求助原因（不良习惯、入园困难、人际交往差等）、现在的主要症状、成长经历和社会支持系统、人格特点、既往病史和家族病史、既往心理咨询情况、心理测试结果、咨询师对来访幼儿形成的一般印象、诊断与评价意见、处理意见和咨询方案、咨询各阶段的记录和效果分析。咨询记录具有非常重要的作用，体现着咨询关系的专业性。每次咨询之后，咨询师都应做好咨询记录，反思咨询过程中的方法和策略。

（二）咨询记录的基本程序

（1）记录来访幼儿咨询时的特征（是否按时，情绪和精神状态）。

（2）对咨询中的会谈内容进行简明扼要的记录（第一人称，准确反映会谈时的气氛）。

（3）对咨询中的印象进行总结（来访幼儿的反应、状态的感受、印象和情绪体验）。

（4）对咨询的话题和来访幼儿的主诉、家长提供的资料、问题的记录进行综合分析。

咨询师在经过一段时间咨询后，应对咨询过程进行详细记录，特别是咨询目标的达成、咨询因故中断等。

（三）咨询记录保管

由于咨询记录涉及来访幼儿的隐私，一旦泄露可能造成无法挽回的严重后果。因此，咨询师应对咨询记录进行严格管理，并由专人负责保管咨询案例记录，禁止无关人员翻阅。咨询人员可以用咨询记录进行科学研究，但在内部使用、开会研讨和论文发表时要慎重对待。一般要隐去来访幼儿的身份信息，避免来访幼儿和家长对号入座，保护来访幼儿和家长的隐私。

五、咨询关系的结束

（一）确定咨询结束的时间

当咨询目标基本实现以后便进入结束阶段了。结束咨询的时间，一般可以参照咨询方案商定的时间、来访幼儿和家长的意愿和要求、咨询师的经验等。一般来说，应该在咨询目标基本达到，双方都认为可以结束时为宜。

（二）进行全面回顾和总结

咨询结束前，咨询师应整理所有资料，结合咨询目标、咨询方案和咨询实施情况，为来访幼儿做全面总结，并与来访幼儿家长回顾整个咨询的基本情况，强调咨询要点，使来访幼儿家长了解幼儿心理问题的前因后果。作总结性回顾时，咨询师要强调咨询要点，总结咨询效果，肯定来访幼儿取得的进步、成功和改变，帮助来访幼儿增强适应能力。

（三）帮助来访幼儿和家长运用获得的方法和经验

心理咨询的本质是“助人自助”，旨在提高来访幼儿认知、情绪、行为的调节和控制能力，把从咨询中获得的知识、方法和体验运用到日常生活中，实现迁移，学会有效解决遇到的心理问题和发展问题。这一目的的达成，除了咨询师和来访幼儿外，需要来访幼儿家长的配合和持续的支持。因为他们是幼儿的监护人，心理问题的解决、心理适应和成长更多的时候发生在日常生活中，方法和经验的获得与运用需要家长的参与和支持。当来访幼儿和家长能运用在咨询过程中习得的思维与行为方式独立应对周围环境，那将是心理咨询真正的成功。

（四）让来访幼儿接受离别

咨询关系的结束意味着咨询师和来访幼儿的离别。有些来访幼儿经过较长时间的咨询，形成了较强的依赖，不愿意结束咨询。依赖性强的幼儿甚至还可能使先前的症状重新出现，阻碍咨询的结束。对于依赖性强的来访幼儿，咨询师应视来访幼儿的具体情况采取相应结束的方法，如逐渐缩短每次咨询的时间，或加长咨询间隔，慢慢减少来访幼儿的依赖感，使其在不知不觉中接受离别，但必须提前告知来访幼儿和家长，使其心理上有所准备。

本章小结

幼儿心理咨询是心理咨询师帮助来访幼儿和幼儿家长有效解决遇到的心理问题和发展问题的系统化过程，应遵循一定的步骤，经历若干阶段，需要心理咨询师与来访幼儿和家长建立咨询关系、诊断心理问题、商定咨询方案、实施心理咨询、对心理咨询效果进行评价，最终有效解决幼儿的特定心理问题。

同步练习

一、名词解释

1. 幼儿心理咨询关系
2. 幼儿心理咨询目标
3. 摄入性会谈
4. 心理测验

二、简答题

1. 简述建立良好幼儿心理咨询关系的主要方法。
2. 简述初诊接待的基本流程。
3. 简述制定幼儿心理咨询方案的基本流程。
4. 简述常用的阳性强化方法。
5. 简述放松训练的主要操作步骤。
6. 简述如何做好咨询关系的匹配与转介。

三、思考题

1. 如何充分综合运用各类参与性技术提升幼儿心理咨询效果？
2. 如何充分综合运用各类影响性技术提升幼儿心理咨询效果？
3. 如何改进幼儿心理咨询评价工作？

第四章　幼儿心理治疗

学习目标

1. 掌握游戏治疗、艺术治疗、阅读治疗、家庭治疗的基本理论
2. 熟悉游戏治疗、艺术治疗、阅读治疗、家庭治疗的实际操作程序

学习重难点

1. 明确各种心理治疗方法的原理和机制
2. 明确游戏治疗、艺术治疗、阅读治疗与家庭治疗的联系与区别

学习方法

1. 集体讨论
2. 工作坊研习
3. 跟岗见习

教学建议

1. 精心组织案例教学
2. 加强实操演练

精神分析疗法、行为疗法、合理情绪疗法和个人中心疗法是心理治疗中的经典疗法。随着临床医学、心理咨询与治疗的持续发展和社会需求的日益增强，森田疗法、完形疗法、现实疗法、叙事疗法、家庭疗法等新的治疗技术和方法陆续出现，进一步扩大了心理咨询师和心理治疗师的专业视野。

幼儿心理治疗从实施规模上可以分为个体治疗和团体治疗。个体治疗是治疗师与幼儿通过“面对面”的方式，对幼儿在居家生活和幼儿园中出现的问题给予直接指导，排解其心理困扰，进行心理行为问题的诊断和治疗。团体治疗是将具有相同或相似处境、问题的幼儿设置在一个团体内，通过团体成员互动或其他形式的活动进行治疗的方式。幼儿心理治疗从具体治疗依靠的载体或活动情境上还可以分为游戏治疗、艺术治疗、阅读治疗和家庭治疗。

无论是哪种疗法、何种规模的治疗、依靠的载体和活动情境如何，心理治疗的共同目的都统一于解决幼儿的心理问题，培养他们积极的心理品质，维护幼儿的心理健康，提升幼儿的心理素质，开发其心理潜能，增强其抗挫能力，最终促进幼儿心理健康发展。

第一节　游戏治疗

一、游戏治疗的含义

对于成人而言，语言是他们最熟悉、最常用的沟通媒介。然而对于婴幼儿来说，因为语言还在形成和发展之中，他们无法充分准确地表达自己的情绪和认知，同时，婴幼儿觉察不出自己的痛苦，不会发现自己的问题，对于心理失调的自觉意识、主动求助的意愿、对治疗的期望等都非常缺乏，因此不会主动寻求帮助。这些都对解决他们的心理问题形成了现实的障碍。

游戏活动是适宜幼儿的基本活动方式之一。在幼儿的世界里，游戏无处不在，婴幼儿通过表情与动作模仿、玩沙玩水、拼搭、“过家家”等游戏活动，大胆地想象、充分地体验，尽情享受游戏的乐趣，自然地表达着他们的思想、情感，积极探索着人际关系，因此能够有效促进幼儿语言、动作、情绪、思维、人格、社交、自我意识等方面的发展。有学者形象地称“玩具是幼儿的词汇，游戏是幼儿的语言”。心理学家发现游戏是通向幼儿内心深处的自然媒介，幼儿在玩的过程中，其自我治疗的效果已经悄然发生。为此，美国《精神疾病诊断与统计手册》（美国精神医学学会，1994）在儿童偏差行为的诊断标准上，强调以感觉取向活动表现为主。幼儿心理治疗师可以借助游戏这一媒介与幼儿建立良好的咨询关系，既可以了解幼儿的内心世界，又能增强幼儿参与治疗的主动性。截至目前，游戏治疗已经成为幼儿心理治疗的重要组成部分。

游戏治疗国际协会（API）将游戏治疗界定为："将理论模式系统性地运用以建立一个人际交往的过程，在其中，受过训练的治疗师运用游戏的治疗性力量去协助个案预防或解决心理社会困境以及得到最大的成长与发展。"游戏治疗的重点不是"游戏"本身，而是"治疗"，凡是运用游戏这种自然沟通媒介进行的心理治疗都可以叫做游戏治疗。尽管心理治疗师的理论取向不同，强调的重点各异，但"通过游戏治疗达到宣泄、净化以及重整内在人格结构的基本理念是一致的"。[①]

总之，游戏治疗是以游戏活动为媒介的一种治疗方式，通过为幼儿创设自由的环境，借助游戏让幼儿在自由玩耍的过程中把内心的问题自然显露出来，让他们在游戏中自由表达自己的真情实感，暴露内心冲突，发泄某些心理创伤、冲突和敌意，从而使问题得以缓解或消失，促进其心理健康发展。

知识链接

游戏对幼儿治疗的价值

1. 幼儿的注意范围狭窄，且不愿参与无趣的和低活动性的活动，而游戏却能增加幼儿的兴趣和参与度。

2. 游戏是人之天性使然的自发性活动，与社会中的各种规范和约束不同，游戏令幼儿体验到一种清新的感觉。

3. 由于没有成人的评判与指责，幼儿在游戏中能够自在地犯错误，同时不必担心失败或成人的嘲笑。

4. 游戏鼓励幻想和运用想象力，幼儿能在虚构的世界中满足和表现控制性需求。

5. 游戏有助于发展幼儿的生理自我、心理自我和社会自我。

二、游戏治疗的理论基础

游戏最早只是作为解决与幼儿沟通的辅助手段出现的，主要受到精神分析学派的青睐。后来，人本主义心理学、认知－行为心理学、格式塔心理学等学派对其进行了应用

① 王晓萍. 儿童游戏治疗［M］. 南京：江苏凤凰教育出版社，2010：36.

和发展，最后逐渐趋于融合，呈现出从问题解决走向问题预防。

（一）精神分析游戏治疗理论

精神分析取向的游戏治疗是20世纪游戏理论研究和游戏治疗实践的先驱。精神分析学派重视潜意识的作用，认为游戏是幼儿补偿日常生活中遇到的焦虑和挫折的一种手段，从而奠定了游戏治疗的理论基础，促使游戏治疗技术在临床诊断中获得广泛应用。精神分析学派的先驱弗洛伊德并没有明确提出“游戏治疗”的概念，但是他在1909年对有恐惧症的5岁小男孩汉斯的心理分析案例，首创游戏心理分析的方法。弗洛伊德的学生哈葛·赫尔玛斯首次将玩具和游戏直接用于幼儿心理治疗，积累了宝贵的临床经验。后来，米兰·克莱因和安娜·弗洛伊德对如何使用游戏进行心理治疗进行系统化整理，引起了心理治疗学界强烈的反响。

1. 米兰·克莱因的游戏治疗

米兰·克莱因认为游戏本身就具有治疗的作用，只要让幼儿去游戏、去玩耍，就能起到治疗的效果。通过观察，克莱因从很多幼儿的游戏中发现无意识的意义和性的象征，她把这些解释给幼儿听，通过解释试图减少他们的焦虑并为继续游戏提供支持。克莱因发现大多数幼儿缺乏足够的语言技巧来表达他们的焦虑、幻想和恐惧，因此，她用游戏代替成人治疗时的自由联想来探索幼儿的无意识动机。她强调环境设置应保持时间和空间上的稳定性，游戏室内的玩具应以小中型化和安全性为原则，玩具的使用应与来访幼儿的情况相适宜。同时，该疗法不太关注父母和教师的参与，非常重视幼儿和治疗师之间关系的建立，着重分析幼儿游戏行为、幼儿和治疗师之间的互动关系以及游戏中伴随的言语的深层解释。克莱因的游戏治疗是非指导性的，建议治疗师尽量保持中立进行观察和分析，幼儿的游戏是完全自发的，只有在必要时进行一定程度的合作。因此，克莱因的游戏治疗被称为分析性游戏治疗。

2. 安娜·弗洛伊德的游戏治疗

与米兰·克莱因的观点不同，安娜·弗洛伊德认为游戏本身没有治疗的作用，幼儿游戏的功能主要是帮助心理治疗师和来访幼儿建立起一种正向、积极的情感联结，借助情感联结进入幼儿的内心世界。她把游戏主要用在幼儿心理分析的准备阶段。由于不认同所有游戏都具有象征意义，因此不主张直接解释幼儿游戏的潜在意义，当来访幼儿与治疗师的关系越来越好时，治疗过程的主要方式应从游戏活动逐渐转向言语的沟通疏导。她主张心理治疗师应主要依赖幼儿对梦和幻想的口头报告进行积极的指导和干预。与此同时，应重视家庭和外界现实对幼儿的影响，合力促进幼儿的人格健康发展。因此，安娜·弗洛伊德游戏治疗又被称为教育性游戏治疗。

3. 结构性游戏治疗

安娜·弗洛伊德最早发现并应用了游戏的情感发泄功能，但她只鼓励应用于有严重精神创伤的个体。20世纪30年代末，戴维·利维等在精神分析的框架下发展出了以目标为导向的“结构性游戏治疗”，重视游戏的发泄价值，强调心理治疗师针对有创伤经历的幼儿，在决定治疗过程及焦点问题上应采取主动作为，心理治疗师的主要角色是“场景改变者”，应帮助来访幼儿通过游戏重现创伤事件，目的在于帮助幼儿理解与创伤事件有关的想法和情感。戴维·利维提出了三种发泄式游戏治疗模式：通过丢掷东西或戳破气球来发泄攻击性行为；在预设的标准化情境中发泄情感，如将婴儿放在母亲胸前以激起手足竞争的情绪；创造一个游戏情境让幼儿再次经历生命中某些特定的压力体验，借此发泄情绪。他强调在运用结构性游戏治疗前必须形成巩固的咨访关系，同时要小心避免“泛滥”（幼儿因被强烈的情绪淹没而无法理解情绪体验）。著名结构性游戏治疗师所罗门认为帮助幼儿通过游戏表达愤怒和恐惧，而不是经历幼儿所害怕的负面结果，会加强发泄的效果。葛渥·汉姆伯爵进一步将戴维·利维的理论发扬光大，主张通过提供玩具在游戏中直接重造事件和生活情境促进幼儿的发泄。

（二）人本主义游戏治疗理论

20世纪30年代末，关于游戏治疗出现了两种截然不同的观点：一是结构化游戏治疗，主张在一定的结构内，幼儿可以自由玩耍；另一种观点则是非结构化游戏治疗，强调治疗师允许幼儿从事没有结构（限制）的游戏。非结构化游戏治疗又被称为非指导性的游戏治疗，由20世纪40年代卡尔·罗杰斯提出的“以当事人为中心”的治疗理论发展而来。阿克斯莱茵则将该理论成功地应用到游戏治疗领域，而后莫斯特克斯和盖特对其进行了发展。

1. 罗杰斯的个人中心治疗理论

行为主义学派和精神分析学派不仅是心理学的两大势力，同时也是影响心理治疗领域的两个重要派别。这两个学派在心理治疗的过程中，都主张心理治疗师扮演“指导者”的角色，主要由治疗师来引导来访者发生改变。与这两个学派的观点不同，卡尔·罗杰斯通过临床观察发现“指导式”的心理治疗存在着一定的不足，提出了“非指导性心理治疗”的理论，后逐渐演化为“来访者中心治疗”或“个人中心治疗”。该理论基于“人性本善”的人性假设：人是理性的，能对自己负责，能促进自我成长并不断迈向自我实现；人是建设性的，值得信任，能对别人产生同感，发展出亲密人际关系；人有能力去发现自己心理上的适应不良，也可以通过改变来寻求心理健康。该理论强调人的价值和尊严，认为人有自我实现的内在动力，只要“来访者”能够接受自己、相信自己，就能站在自己的立场上自信地寻求适合自己的成长路径，因此治疗师应为个体提供“纠正后的情绪体验”，要持续地给来访者提供无条件的积极关注。

2. 阿克斯莱茵的当事人中心游戏治疗

阿克斯莱茵修改和完善了罗杰斯“来访者中心”的人本主义治疗方法，并应用到儿童身上，经过探索提出了非指导性游戏治疗八原则：（1）治疗师必须尽可能地和儿童之间建立起温暖、友好、和谐亲善的关系；（2）治疗师要接纳儿童本身；（3）接受儿童以使他们能畅所欲言；（4）治疗师能敏锐地把握儿童所表达的情感并以他们能理解的方式作出反馈；（5）治疗师要坚持相信，如果机会允许的话，幼儿们是有能力解决他们自己的问题的，他们有作出决定和改变自己的责任和义务；（6）治疗师不要试图以某种方式引导幼儿的言行，相反，应该由幼儿引导治疗师；（7）治疗师不要急于进行治疗，必须意识到这是个循序渐进的过程；（8）治疗师只能建立一些必要的限制将治疗引向现实生活，且让儿童意识到他在治疗关系中存在的责任。他特别强调第八个原则，认为这样可以将治疗效果迁移到一般生活情境中，而且限制是在需要时才提出来，并不是在开始时就讲清楚的。如果幼儿触犯了限制，咨询师仍应以接纳的态度来对待他们。

知识链接

儿童中心取向游戏治疗的基本特点

儿童中心取向的游戏治疗把焦点放在“儿童”而非“问题”上，关注儿童当下的经验，而非去解释儿童的游戏：

着重	人	而非	问题
着重	现在	而非	过去
着重	感情	而非	想法或行为
着重	了解	而非	解释
着重	接纳	而非	修正
着重	儿童的方向	而非	治疗者的指示
着重	儿童的智慧	而非	治疗者的知识

（资料来源：Daniel S. Sweeney，Linda E. Homeyer. 团体游戏治疗［M］. 何长珠，等译. 台北：五南图书出版有限公司，1990：55-56.）

(三) 认知行为游戏治疗

针对幼儿不可能完全具有自我发展的能力的实际，认知行为心理学派采取了不同于儿童中心的游戏治疗观点和方法——兼具指导性及目标导向，强调幼儿必须积极主动参与治疗，接触有关掌控和改变自己行为的责任问题，可以通过游戏治疗来界定并调整那些与来访幼儿症状有关的偏差想法和适应不良（干扰了幼儿适应能力的意念）。

该学派强调心理治疗的实施需要良好的治疗关系，应建立一个有各种各样游戏材料的游戏室，可以让幼儿的独特性得到自由、充分的表达，当这种独特性被治疗师接纳时，幼儿会内化这种接纳，进而接纳、欣赏自己的特性，展开自我认知。治疗师应扮演教育者的角色，尝试发现幼儿的问题，探究问题的原因，鼓励、解释、分析问题，协助幼儿学习新的解决问题的技巧和方法。在对来访幼儿进行治疗时，越是直接的介入，越需要特定的媒介（洋娃娃、布偶、泥塑、沙土、绘画等），通过游戏来促使幼儿情绪和认知的自然流露，治疗师可以使用示范、角色扮演以及正强化、行为塑造等介入策略来增强幼儿替代行为、系统脱敏和认知改变。

知识链接

贝克的认知改变顺序

首先，经由治疗师的同理和接纳，或放松练习，让来访幼儿激动的心情平静下来。

其次，给予来访幼儿机会去重新经历引发情绪或感受的口语，或图形认知中的客观性及扭曲性，来使个案理解个人非理性部分的信念。

最后，教导并协助来访幼儿经由练习，强化新的、较正确的知觉，以对抗原先非理性的信念。

（资料来源：Kevin J O’Connor，Lisa Mages Braverman．游戏治疗的理论与实务［M］．何长珠，译．台北：五南图书出版有限公司，1987：54.）

(四) 阿德勒游戏治疗

个体心理学创始人阿德勒指出幼儿会在儿童期建立世界观，并受在家庭中的地位以及家庭互动的社会脉络所影响，但是最关键的两个影响方面是幼儿的行为目标和独特的生活方式。幼儿在有意识地向目标前进，而不只是受过去创伤的影响。幼儿的行为目的与他们被接纳和取得赞许的需要相一致。幼儿会尽量遵从并做出社会可接受的行为，当幼儿认为自己的行为不能为他人或群体接纳时，他们就改用不良的行为来达到他们的目的。因此，在对有明显消极行为幼儿进行治疗时，应对幼儿的动作、反应、感受进行测试，了解他们与成人互动时的感受、生活环境，再来确定不良行为的目标。幼儿独特的生活方式主要是指幼儿已经发展起来的、帮助他们明白和应对他们的世界的基本信念。治疗师的主要角色是发展幼儿对生活方式的假设，主要包括社会兴趣的评估、重要需求的获得、优点的肯定、行为的目标，还有对自己、对他人、对世界的信念。治疗师应当与幼儿的父母、老师及时沟通，帮助幼儿的父母、老师、家庭成员改变认知、态度和行为，以形成整体的、有影响的典范。他主张治疗师应借助游戏和幼儿沟通，并使用游戏治疗的基本策略（跟踪、内容重述、情感反应、鼓励、设限等），循序推进以下治疗过程：建立平等的关系；探索幼儿的生活方式；帮助幼儿获得个人生活方式的觉察，并对幼儿重新定向、重新教育；帮助幼儿学习和自我、他人、世界建立关系的新技巧①。

（五）格式塔游戏治疗

格式塔治疗坚持人本主义过程导向模式，重点关注有机体整体的健康及感官、身体、情感和智力整合功能运作。格式塔游戏治疗强调协助幼儿借助治疗性的各种体验来获得自我觉察能力，从环境支持转为自我支持，充分利用自我资源成为一个统整的人。该疗法的关键概念包括你－我关系、接触与疆界、抗拒、自我的感觉、觉察与经验。其中，你－我关系是指在与来访幼儿会面时，不管他如何呈现自己，治疗师始终要以不带评判，维持一个能支持幼儿完整、健康能力的态度来对待来访幼儿呈现出的自我，接纳幼儿的种种行为，认识到幼儿有无限的发展潜力。接触与疆界是一种在关系中体会到从“我”到“非我”的经验，而且经由这样的接触，“我”和“非我”都是非常清楚的一个经验。健康的接触（感官的、身体的、情绪的和智力的）使幼儿独处时能感觉到安全。如果接触被禁止、限制和阻止，自我会形成虚弱感和破碎感，自我疆界因模糊导致人际接触困难（悲伤、焦虑、愤怒等），出现行为退缩和限制、自我保护，阻断了健康的自我表达。抗拒可以被看作能力的展现及幼儿接触程度的指标，良好的接触建立在适度的抗拒之上。治疗师要尊重幼儿的所有抗拒，应用所掌握的技巧与抗拒互动，最终克服其抗拒。当幼儿限制了机体活动的任何一方面时，自我就消失了。强化接触技巧的游戏可以帮助幼儿发展出强烈的自我感觉，使其情绪得以表达。治疗师引入经验、提供支持在治疗过程中非常重要。“我是谁?”“我该怎么做?”治疗师在帮助来访幼儿觉察到自己做的哪些事造成了不足时，幼儿就能觉察到那些导致他陷入困境的特别行为，可以选择

① 王晓萍．儿童游戏治疗［M］．南京：江苏凤凰教育出版社，2010：62．

是否要改变并形成一个新的、令他满意的生活。当幼儿经历了治疗，他就会觉察到自己是谁、感觉是什么，获得的经验都可以用来强化幼儿的自我，促进良好接触，最终治愈情绪。

知识链接

格式塔游戏治疗的基本目标

1. 建立良好的治疗关系：治疗师以非评判性的、尊重的态度对待幼儿，为幼儿提供一种全新的体验，这种关系本身就具有治疗作用。

2. 探索自我的疆界，保持良好的接触，突破自我设限和已知的领域。

3. 整合自我内在的各种倾向，充分接触自我与他人。

4. 帮助幼儿发展出坚定的自我感觉：引入不同的体验来加强幼儿的自我，为其情绪表达提供所必需的自我支持。

5. 引导幼儿更好地自我觉察，为幼儿提供各种各样的体验。

三、游戏治疗的基本功能

（一）建立关系

随着游戏活动的发展，治疗师在观察幼儿、与幼儿互动的过程中，与幼儿建立起治疗关系。例如：幼儿能让治疗师假装去“打电话”“做饭”，说明幼儿已经赋予了治疗师角色，开始信任治疗师。

（二）信息交流

通过互动游戏，幼儿可以表达他们隐藏的痛苦、孤单和欲望，呈现曾经的心理创伤和人际冲突情形。

（三）评价发现

治疗师可以借助游戏了解幼儿的恐惧、忧虑、兴趣、观念和简单的价值观等，特别是发现幼儿在与家庭成员、老师、同伴、治疗师的游戏中表现出的应对能力状况。

（四）心灵治愈

通过互动游戏，那些处在矛盾中的、有创伤或有敌意的幼儿可以含蓄、象征地表达出平时被压抑的愿望和冲突，还可以在安全的游戏室中发泄自己的怒气，学会控制情绪，练习用更合适的方法去调控自己或宽恕他人。

（五）经验生长

通过互动游戏，幼儿巩固了发展中的认知、语言、动机等技巧并探索其能力的范围，发现哪些是自己可以做的，哪些是自己不能做的，哪些有效，哪些无效。当幼儿把这些胜任能力应用到新的环境中，会显著增进他们的自我悦纳。

知识链接

选择游戏治疗玩具与器材基本原则

1. 有助于与幼儿建立正向的关系；
2. 有助于幼儿探索治疗关系中的限制；
3. 有助于幼儿表达广泛的情感；
4. 有助于揭露幼儿真实的生活经验；
5. 有助于幼儿了解自我，并能促进其自我概念的发展；
6. 有助于提供发展自我控制的机会。

（资料来源：王晓萍. 儿童游戏治疗［M］. 南京：江苏凤凰教育出版社，2010，76-77.）

四、游戏治疗的实施阶段

（一）初期阶段

在游戏治疗的初期阶段，幼儿与治疗师的关系尚未建立，通常会在游戏活动中使用各种方式来测试彼此关系安全性。治疗师除了应主动与幼儿建立信任关系外，还应与来访幼儿的父母进行必要的信息沟通和建立委托治疗契约关系。

（二）中期阶段

建立基本信任关系之后，有的幼儿可能会在游戏活动中表现出越来越明显的攻击与宣泄情形，例如：不回应（好像没有听到一样），不听从（尝试挑战治疗师的权威），出现负面态度（沉默、抗拒）或各种行为（如迟到、心不在焉、无聊、连续击打或丢掷物品、用力涂鸦等），同时，伴有哭泣、流眼泪、疲倦等表现。有的幼儿可能开始对治疗师产生正移情，如面带笑容、人际距离的拉近、视线或身体的接触、说一些较为私密的信息（自己的生日、好朋友的名字、对治疗师感兴趣，向治疗师提要求等）。面对幼儿的考验，治疗师的任务是“有效的成人示范”，如宽容、接纳、了解的态度，跟随式的言语反应；以客观反应、检核的立场，让幼儿学习到行为的自然处罚后果，懂得游戏室、幼儿园、家里有效行为的区别；通过示范、澄清和反馈，给幼儿提供机会接纳新的自己，欣赏自己的某些特长（如画画、跳舞、手工、运动等），走向新的整合。

（三）结束阶段

幼儿的不良情绪经过了中期阶段的宣泄，其心理能量经由压抑逐渐还原，通常会出现自主、正向和合作的态度，更能接受现实和忍受挫折，社会行为开始萌芽。库顿（1993）根据研究发现了结束的条件和方式：某些外显的症候（如焦虑、攻击行为等）已有 80% 得到了控制，幼儿学到了一些策略或已开始建立起较好的幼儿园学习和社会关系。

知识链接

游戏治疗技术的材料清单

1. 玩偶游戏：家庭成员玩偶，布制动物，玩偶房，微缩模型；
2. 木偶游戏：纸板拼图，家庭成员木偶，动物木偶；
3. 沙盘游戏：人，动物，汽车，建筑物等模型；
4. 规则游戏：棋盘游戏，治疗游戏，行动游戏，团体游戏。

五、游戏治疗过程中需要特殊处理的问题

（一）幼儿对游戏环境的好奇

“我来这儿做什么？”“这儿的玩具是你的吗？”“有小朋友来过这儿吗？”“你跟我玩，不上班吗？”来访幼儿对为什么来和来了干什么不清楚，充满好奇，会有很多问题。治疗师应有足够的耐心并用幼儿听得懂的语言进行解释。

（二）矛盾、焦虑、喜忧参半

“妈妈和我一起来！”“不要关门！”“我要回家！”“我要带朋友一起来玩。”针对幼儿

害怕离开父母，无法全身心投入游戏中，治疗师应理解幼儿的感受，开始几次接诊可以让其带同伴或父母一起游戏。如果幼儿不想参加游戏或想提前结束游戏，大部分学者主张应该尊重幼儿拒绝参加游戏的权利，尽量提高游戏的趣味性，使其愿意进行游戏。

（三）对治疗师感兴趣

“我好像见过你。”“你喜欢小朋友吗?”“你有孩子吗?”幼儿有时对治疗师感兴趣，会问治疗师一些个人的信息，这在游戏治疗的初期经常出现，是幼儿与治疗师建立咨询关系的一种方式。治疗师应做诚实、简洁的回答。

（四）幼儿和治疗师的关系

“这样行吗?”“你猜我在干吗。”“你当孩子，我当爸爸（妈妈）。”幼儿进入治疗后，会逐步开始在治疗中扮演特定角色，并通过游戏中的提问和表达，探索与治疗师的关系。治疗师应积极回答幼儿问题并配合其扮演希望的游戏角色。

（五）游戏室权限管理

在治疗的过程中，治疗师应对玩具的使用和特殊的游戏行为进行必要的限制，以免危及他人或伤害自己，尽量使用高安全等级的游戏材料。有些幼儿如果要求吃东西，咨询师应尽量满足、及时提供，但是不能允许幼儿离开游戏室。游戏治疗的时间一般为40分钟，一周最多不超过两次。针对有些幼儿进入游戏情境后舍不得离开的情形，治疗师应温和地予以提醒。如是在解决非常重要的问题，时间可适当放宽。

六、幼儿游戏治疗的发展趋势

（一）重视各心理学流派治疗方法融合

在进行幼儿游戏治疗过程中，治疗师们发现单一的心理学理论流派提出的治疗方法无法很好地解决幼儿的实际问题，采取整合和折中的观点已经得到了治疗师们的广泛认同，幼儿心理治疗师广泛从各个游戏治疗学派的理论和方法中汲取营养，共同作用于治疗过程，来解决来访幼儿复杂多变的心理问题。

（二）从治疗走向发展与预防

认知行为主义者、家庭治疗师、格式塔学派和阿德勒游戏治疗学派都认为游戏不仅具有治疗作用，而且还有促进幼儿发展的作用。随着游戏治疗方法应用范围的不断扩大，其发展性功能和预防性功能日益受到人们的重视。

（三）强调治疗师的角色特征和文化的适应性

随着游戏治疗的广泛应用，游戏治疗师面临着自我人格特征与文化适应的双重挑战。游戏治疗师的自我人格特征会影响其对游戏的解释和玩具的选择、治疗关系的建立和治疗不同阶段幼儿和治疗师双方角色的变化。因此，游戏治疗师需要考虑与文化相关的因素，并对自己的文化、幼儿的成长背景和家庭文化、药物（精神药理学）、特殊幼儿群体（攻击性、自闭症、慢性病、选择性失语症等）进一步增强了解。

（四）治疗模式日趋完善

幼儿游戏方式千变万化，内容日新月异，游戏过程中幼儿的各种心理问题的征兆会逐渐显露出来。因此，游戏治疗师迫切需要继续创新发展可以参照的评判标准，借助于有效的评估工具觉察幼儿的内心世界，采取更有针对性的干预方式。

指导性游戏治疗强调积极建构和创设游戏环境，挑战幼儿的防御机制，但只强调“疾病”的治愈和训练而不是治愈的过程；非指导性游戏治疗强调与幼儿建立良好的关系，让幼儿自由表达情感，但没有强调幼儿所处的生态环境。而协作性游戏治疗模式，强调通过“相互建构”，使幼儿和治疗师可以形成合作关系，共同作用于幼儿的心理问题。

（五）继续革新游戏治疗技术

玛格丽特·洛温菲尔德将“世界技术”（幼儿把玩具放置在被他们称为“世界”的箱子里）成功引入游戏治疗，形成了沙盘游戏治疗。经验证，沙盘游戏治疗作为精神分析技术的一种工具，可以让问题幼儿通过表达幻想、发展控制能力来解决创伤问题并控制内心的冲动。

社会生活节奏的日益加快，人们缩短治疗周期的需求强烈，催生了短程游戏治疗。短程游戏治疗可以用于恐惧症、悲伤反应、创伤事件、自闭症、多动症等，是游戏治疗方法和现代心理治疗理论的全新整合，发展前景广泛。

游戏治疗与团体治疗的有机结合形成了团体游戏治疗，该疗法可以提供给幼儿最接近家庭的结构与接纳性，支持幼儿从有效的治疗关系和精心设计的互动游戏情境中获得自我学习与自我改变，被广泛应用于治疗儿童精神分裂症、多动症、焦虑症、恐惧症、遗尿症、孤独症、抑郁症、选择性失语症、退缩行为、攻击行为、性虐待与家庭暴力行为、学习困难等，效果较为显著。

近几年，游戏治疗师采用系统论的观点，探索将家庭治疗、团体治疗和个体游戏治疗策略联结起来，运用家庭木偶对话、家庭雕塑、家庭绘画等游戏治疗技术，形成了家庭中的游戏治疗，显著增强了游戏治疗的生态效度。

第二节　艺术治疗

早在两千多年前，古希腊哲学家柏拉图就指出，艺术具有治疗疾病、改善身心状态的功能。20 世纪初，医生们开始关注与研究欧洲精神病院中精神病患者的艺术作品，发现精神病患者的绘画不仅可用于心理病理学诊断，还可以用于心理康复治疗。20 世纪 40 年代，美国心理治疗家玛格丽特·纳姆伯格正式提出了“艺术治疗”概念，在部分学校中开展了精神分析治疗活动。20 世纪 50 年代，艺术治疗在美国成为一种职业，当时“艺术治疗”中的“艺术”主要指的是“视觉艺术”。

从广义上讲，艺术治疗指的是利用各种形式，如绘画、音乐、舞蹈、雕塑、戏剧、诗歌等，以帮助人们获得较好的身心调节的治疗方法。从狭义上讲，艺术治疗指的是利用视觉艺术，如绘画、雕塑等，帮助人们获得较好的身心调节的治疗方法[①]。发展到今天，艺术治疗已经扩展到了心理、教育、社会、医疗等多个专业的助人服务领域。

一、艺术治疗的理论基础

（一）艺术治疗理论的形成

1. 弗洛伊德的理论奠基

精神分析学派的开创者弗洛伊德指出，潜意识的心理过程会在神经症、梦和艺术创作（凝缩、移植、象征）中发生，治疗师和精神病患者可以围绕着一些视觉意向展开交流。个体为了适应外界现实的要求，会将现实重组为新的更合适的形式，艺术创作能够让快乐原则和现实原则实现“奇特的和解”，“能够躲避自我的看守而使欲望得到暂时的满足，这是艺术、梦和白日梦共同的魅力和价值所在”[②]。受弗洛伊德潜意识理论的影响，20 世纪 20 年代后兴起的投射测验理论强调人的行为由无意识的内驱力推动，为后来绘画治疗测验工具的形成起到了至关重要的作用。

2. 荣格的理论贡献

个体心理学创立者荣格认同幻想本身承载着无意识信息，肯定心灵的非语言表达，强调意向的自主性，认为艺术手段比谈话手段更有效。他发明了“积极想象”的方法，

① 杨东．艺术疗法——操作技法与经典案例［M］．重庆：重庆出版社，2007：6.
② 高颖．艺术心理治疗［M］．济南：山东人民出版社，2004：46.

引导来访人员在清醒状态下以做梦的方式对内在意向进行内省和观察。该方法实施阶段为：在第一阶段诱导出来访者宁静的心灵状态，摆脱一切思绪，不做任何判断，只是以自然的方法观察、注视着潜意识的内容和支离破碎的幻想片段自发地出现和展开；在第二阶段引导来访者用书面形式或其他有形的形式，如绘画、雕塑、舞蹈等象征表现手法，把这种体验记录下来；在第三阶段引导来访者积极地、潜意识地与自己的心灵对话；在第四阶段引导来访者实现显意识和潜意识的妥协，继续其个性化进程。荣格所创立的"积极想象"至今都为许多绘画治疗师沿用。

3. 安娜·弗洛伊德等学者的理论发展

安娜·弗洛伊德将精神分析的方法应用于儿童心理治疗，继承和发展了父亲弗洛伊德后期的自我心理学思想，总结出了儿童心理发展的线索，重视帮助儿童培养自我适应生活能力，架起了精神分析与发展心理学之间的桥梁。安娜认为在儿童分析的过程中，应当让儿童以自由行动——如画画、玩玩具、幻想游戏等替代成人的自由联想以便更好地表达自己。自我发展心理学家玛格丽特·马勒主张在治疗的开始阶段和正式治疗阶段，运用儿童熟悉的"艺术"手段（简单的音乐、歌唱、儿童熟悉的曲调、黏土、手指画）作为儿童与环境之间的缓冲器，让他们在这样的活动中感到快乐，从而建立良好的治疗关系。另外，从英国精神分析客体关系学派的温尼科特发明出的"潦草画线游戏"技术中也能看出绘画治疗的端倪。

（二）艺术治疗理论的开创与发展

20 世纪初，人们对精神分析倍加推崇，对儿童心理研究日益关注，很多人开始对儿童绘画治疗进行探索，艺术治疗理论逐步形成多元取向的可喜发展局面。

1. 心理动力学取向的艺术治疗[①]

心理动力学取向的艺术治疗主张艺术创作和产品有内在的、无意识的、幻想的意义，认为艺术作品是患者过去创伤的反映，患者能够通过创作表现治愈内在的冲突，达到意识和无意识的整合。美国心理治疗专家玛格丽特·纳姆伯格认为心理治疗有赖于来访者自己对艺术想象的象征意义的解释，主张以弗洛伊德"使无意识成为意识"为艺术治疗的首要目标，同时强调通过自发的艺术表现"释放"无意识的意向，并以此作为自我教育和实施艺术治疗的主要方法。美国心理治疗专家伊迪斯·克莱默主张"艺术即是治疗"，而不是将艺术只看做是心理分析的媒介，认为艺术创作与艺术作品可以帮助患者实现自我支持，发展自我认同和促进自我成长。心理动力学取向的艺术治疗目标一般

① 陶琳瑾. 儿童艺术治疗［M］. 南京：江苏教育出版社，2010：75-77.

是：发现和揭示被压抑的内容（引发心理问题的内部冲突）；根据先前潜抑的想法和情感，帮助患者洞察行为的意义。其艺术治疗师经常会使用“宣泄”“象征化”“洞察”“升华”“防御机制”等概念。

2. 认知行为取向的艺术治疗

认知行为主义理论认为，不当行为是习得的，也可以通过学习来习得新的适应性行为。心理治疗的主要工作就是提供一种情境，让个体在解除不当行为习惯的同时习得适应性行为习惯。认知行为取向的艺术治疗师认为艺术创作能透露创作者内心的想法，促成理念和心理配置的重组，从而形成新的思考模式，艺术治疗实际上就相当于提供了这样一种训练的情境，治疗师的主要任务是：了解诸如想象及心理信息等高层次的心理过程是如何影响行为的；评估儿童行为中的认知特质；在艺术治疗中使用放松和想象的技巧。

3. 现象学取向的艺术治疗

波兰心理学家马拉·比腾斯基将胡塞尔现象学、海德格尔的存在主义作为思考艺术和艺术治疗的途径，整合出了一套现象学取向的艺术治疗理论和技术。他指出，每个人在世界上的生存，就是要不断承受来自自身和他人的要求和压力，那些被生活压垮的人仍然在不断地寻求自由，退缩到症状中去是他们对自由的幻想的表现，但是这种退缩只能让他们得到片刻的满足，结果却会更糟，即他们离本真的自己和本真的生活越来越远。因此，艺术治疗必须秉持来访者应当学习树立符合他们生命本质的理念，为其创造一个治疗空间和氛围，给来访者提供自我觉察的经验源泉，帮助来访者产生一种艺术体验，以便达到“帮助来访者发现本真自我”的目的。当来访者在创作时遇到了困难，治疗师应鼓励他们描述困难，自己找到解决办法，而不是给出具体的建议，如应该画什么东西或者用哪些颜料。

4. 人本主义取向的艺术治疗

人本主义取向的艺术治疗强调个体有自我指导的能力、先天的成长冲动与追求自我实现的愿望，治疗师应本着充分尊重来访者的价值观和尊严、接纳来访者的态度，创设一个温暖、真诚、无条件积极关注的环境，通过绘画治疗促成个体的自我认识、自我接纳和自我整合。人本主义取向疗法代表人物娜塔莉·罗杰斯在其父亲的来访者中心治疗思想的基础上，将音乐、动作、绘画、书写等结合在一起，创立了一种全方位的团体艺术治疗模式——“来访者中心表现性绘画艺术治疗”。她指出，表现性绘画治疗的过程是将自我的多个分离的部分进行整合的过程，能够唤醒来访者创造性的生命能量，可以促进来访者情感创伤的康复，解决其内部心理冲突，超越自己的问题，采取建设性的行动，随着其情绪表达过程一步步推进，深度的自我会逐渐呈现。当情感被触碰，就会成为自我探索与创造性的源泉，往日不被允许在意识层面出现的内容进入意识范围。她强调治疗关系的重要性，认为创造性艺术过程为注重关系的治疗提供了可能性，治疗师应陪伴来访者，感受他的体验，尊重他的存在，像镜子一样映照出他的世界。

5. 焦点解决短程治疗取向的艺术治疗

20 世纪 80 年代，史蒂夫·夏泽及茵素·伯格夫妇提出了焦点解决短程治疗取向的艺术治疗方法。他们认为，一个问题的存在，不只是呈现出病态，往往也存在着正向的功能，问题的背后隐藏着个体正向的需求和期望，与此同时，不是所有的“问题”都能够确定其原因，即使找到了原因也未必就能帮助来访者解决其问题，因此心理咨询或治疗应该以“可以做什么让问题不再继续下去”来代替“探究问题发生的原因是什么”，重在帮助个体通过停止问题行为来实现其正向需求，从而寻求更好的方法来实现目的。

6. 叙事治疗取向的艺术治疗

20 世纪 80 年代，受后现代主义的影响，澳大利亚迈克尔·怀特和新西兰的大卫·爱普斯顿在长期的家庭治疗实践的基础上提出了叙事心理治疗方法，即咨询师运用适当的语言形式，帮助来访者找出遗漏的但具有积极意义的生活故事，并以此为契机重新建构生活意义，唤起来访者内在力量。他们指出，个体自身并不是故事的唯一作者，在个体生活的“主流”故事中，有许多是从他们过去的家庭、学校以及邻里的童年经验中产生，某些主流故事会持续影响他人对个体自己的看法，并发现“自己是有问题的”，因此叙事治疗的目标就是帮助个体将“问题”外化——可以通过叙事在谈话中将问题予以溶解，并对其生活经验进行重构。

二、艺术治疗的基本功能

（一）促进良好治疗关系的建立

治疗师可以采用艺术作为媒介来打破幼儿在治疗开始阶段的沉默，在非语言的情境下与来访幼儿进行交流，获得信任，尝试与幼儿建立良好的治疗关系。尤其是对于那些性格孤僻、语言发展缓慢、有过心理创伤的幼儿。

（二）收集治疗基本信息

治疗师可以通过幼儿的绘画、音乐、舞蹈等艺术作品和艺术表现方式了解他们在动作、情绪、社交等方面的重要信息，评估幼儿的需要和心理问题的严重程度，为开展治疗获得重要线索。

（三）促进幼儿心理成长

艺术创作可以帮助来访幼儿宣泄释放负面情绪，重新体验过去的事件，表现当前的矛盾，表达未来的担忧，并通过这些活动初步学会解决问题的态度和方法，进而促进幼儿心理成长。

三、幼儿艺术治疗的实施

鲁宾认为，在绘画治疗活动中要提供下列情境：（1）各种绘画材料；（2）舒适的空间；（3）充裕的时间；（4）有秩序感；（5）安全感；（6）尊重感；（7）兴趣感；（8）充满快乐喜悦；（9）被支持感。艺术治疗的实施过程有很大的弹性，存在以下共性环节：（1）积极引导当事人进入艺术治疗环境，熟悉各种艺术媒介，并从治疗师那里了解有关艺术治疗的信息；（2）治疗师尽快与当事人建立起安全的治疗关系；（3）在当事人运用艺术媒介开展艺术活动或创作过程中，治疗师应密切观察或与之保持共情互动；（4）治疗师与当事人对创作过程以及作品进行交流和分享；（5）适时结束治疗。

（一）绘画治疗的准备

1. 场地要求

绘画治疗场所应保证私密性。最好有一间独立的房间，里面有洗涤槽、围裙、画架和易清洗的桌子。房间里可以摆放一些能够起到衬托作用的装饰品或物件，但不宜过分夸张，只要能起到烘托温馨而优雅的氛围即可。用于幼儿绘画的桌子要足够大，为的是使他们不会感到局促和压力。应配备几把可以移动的凳子或椅子。同时，考虑为喜欢站立或坐在地上进行创作的幼儿准备适当的区域。房间的墙壁可以给幼儿作为展示作品之用，或展示一些投射性的绘画。墙壁上要有一些粘钩，便于悬挂作品。如果墙壁空间足够大，可以留一些区域方便幼儿涂鸦。除此之外，还需要有一定的空间存放文件资料（幼儿的绘画治疗档案，画报资料，绘画评定测验，跟绘画和绘画治疗有关的书籍等）。

2. 绘画材料

应准备以下基本材料：（1）A4 大小的白色素描纸。条件允许的话，可以提供各类纸张，包括手指画用的特殊纸张、各种彩纸和折纸。另外准备一些旧报纸、杂志等以方便那些喜欢剪贴、拼贴、撕扯的幼儿进行艺术创作，以及少量黑纸以帮助有学习障碍、知觉或视觉缺陷的儿童提高他们清晰表达图形和细节的能力。（2）笔墨材料。HB、2B 等型号的铅笔，蜡笔，勾线笔，彩笔，12 色或 24 色的彩色铅笔，24 色或 36 色的油画棒，马克笔（各种颜色和粗细），水彩颜料（带调色板），油画颜料（带油画调色板、油画画布、油画支架等），还需准备一些橡皮以备幼儿涂改铅笔画。（3）各种颜色和硬度的橡皮泥或轻黏土，安全剪刀、糨糊、胶水、双面胶和其他幼儿“需要”用来讲述故事的东西。（4）酌情给部分幼儿准备成人的旧衬衫（反着穿），或提供围裙和袖套。

（二）绘画治疗的过程

1. 初始阶段

在初诊接待的过程中，治疗师应给幼儿适当的空间谈论他自己、他的处境，为什么要来治疗室以及遭遇什么问题。应审慎分析从来访幼儿及幼儿家长或老师那里获得的所有关于幼儿的信息。应采用幼儿及幼儿家长能听得懂的语言解释绘画治疗涉及的相关事项，如管理规定、治疗合同、保密承诺和材料使用须知等。应鼓励幼儿通过绘画介绍自己，可以进行涂鸦画、自由画、续笔画、即兴表达等。治疗师还可以与幼儿一起画画，以减少来访幼儿的焦虑，增进彼此的了解，形成信任、安全和积极的人际关系。

2. 探索阶段

“画一画你为什么来这儿”“画画你自己”“画一画你的家”“画一画你的幼儿园”。在良好的治疗关系建立之后，幼儿愿意在治疗师带领下进行绘画表达。当治疗师引导幼儿完成作品后，通常可以问幼儿：“可以跟我说说你画的是什么吗？”应留给幼儿足够的时间表达他们自己的看法，然后再询问他们作品中反映出来但没有进行解释的问题。治疗师应特别注意评估幼儿的发展阶段、防御方式、问题行为的严重程度。刚入职的治疗师应准备一些辅助性的指导语以增强适用性。治疗师应当根据幼儿之前所画作品使用指导语鼓励幼儿对图案做进一步的探索和表达。治疗师应有足够的耐心、充分的信任，使得幼儿能够面对内心的恐惧，在治疗室中逐步能够冒险揭露先前被自己压抑的情感和想法。

3. 行动阶段

行动阶段是幼儿一般将经历“理解”—“接受”—“应对”几个重要环节而使自己心理发生改变的阶段。治疗师应帮助来访幼儿树立改变的目标并建构可以达到目标的行为方式，支持幼儿继续自我表达并整合发现适合新的行为方式的问题解决策略。例如：来访幼儿小东日常生活中表现出退缩行为，不愿与人交流。在绘画治疗初始阶段，小东总是独自画画，过了一段时间，会坐得离他人更近一些，开始进入别人的“领地”，也允许别人进入他的“领地”，并开始主动与人交流。然后，小东开始玩轻型黏土，从捏小猫、小狗（温顺的动物）到捏狮子、老虎（攻击性动物）再到捏出满身是血的男孩，并告诉治疗师这个男孩就是经常欺负他的一个小哥哥。“画一画你的改变”“画一座桥，把你现在的位置画在桥上”“画画你克服困难的样子”。在治疗师的鼓励下，小东还在幼儿团体中分享了他的故事，并通过和团体成员交流认识到自己不是唯一受暴力侵犯的人，这使他放松了许多。

4. 结束阶段

临近治疗结束，来访幼儿通常会通过涂鸦等意义发生变化的形象来表达他们的感受。治疗师应向来访幼儿做出必要的提示，使他们能够接受分离，满意地终止治疗。

四、幼儿艺术治疗的拓展

（一）幼儿音乐治疗

人类最早的音乐治疗可以追溯至原始部落里巫师对病人手舞足蹈，哼唱着小调或口中念念有词，这不仅起着暗示作用，也使病人内心得到安慰，心情变得舒畅，促进其病情好转。现代音乐治疗肇始于第二次世界大战中美国野战医院的护士用音乐缓解伤员的暴躁情绪，减轻他们的痛苦。1950 年，美国音乐疗法协会成立，标志着音乐治疗学作为一门新兴学科正式诞生。世界音乐治疗联盟对音乐治疗的定义是：具有资格的音乐治疗师使用音乐和（或）音乐元素（声音、节奏、旋律与和弦），通过一个有计划的过程推动和促进交流、联系、学习、迁移、表达、组织及其他相关的治疗目标，从而满足来访者或团体在躯体、情绪、心理、社会和认知方面的需要。①

研究表明，音乐的物理特征与人脑声音信号特征密切相关。因此，音乐治疗有以下功能作用：（1）释放情绪，提高自我表达能力；（2）减压、排忧解困；（3）改善身体和情绪功能；（4）改善人际关系的能力及处事技巧；（5）减少不恰当行为及增强自制能力；（6）提高学习兴趣，提高身体灵活性；（7）增强注意力和持久性；（8）缓解并医治身体各种病痛；（9）完善人格，有助于自我探索和自我成长。目前，音乐治疗已经广泛应用于自闭症、智力障碍、唐氏综合征、视觉障碍等特殊幼儿的康复干预，情绪障碍、进食障碍、遭受性侵、物质滥用的幼儿心理危机干预，经历交通事故、自然灾害、战争、家庭变故等患有创伤后应激障碍的幼儿心理援助，以及患有癌症的病危幼儿临终关怀等。

国际音乐治疗主要有两种应用途径：一是运用音乐本身固有的复原或康复特性；二是在治疗关系中，将音乐作为一种互动和自我表达的手段。国内常采用的音乐治疗方式主要有接受式音乐治疗、音乐引导想象、再创造式音乐治疗和即兴演奏式音乐治疗。接受式音乐治疗是指治疗师让来访者通过聆听喜爱的音乐（歌曲或乐曲）引起其生理、心理共鸣，之后与治疗师或小组成员交流感受，或采用律动、歌唱等形式表现对音乐的理

① Rachel Darnley-Smith，Helen M Patey. 音乐治疗 [M]. 梅晓青，等译. 北京：中国轻工业出版社，2010：6.

解。音乐引导想象是指治疗师选择一种音乐作为背景，使用语言引导来访者进入催眠、放松、与治疗目的相关的想象体验中，然后再由治疗师逐渐引导回到现实中进行讨论。再创造式音乐治疗是指治疗师引导来访者在学习演唱、演奏的过程中或参与各种音乐活动过程中，提高来访者的音乐能力，达到改善来访者的心理、生理问题的目的。即兴演奏式音乐治疗是指治疗师支持来访者挑选自己喜欢的打击乐即兴演奏，或根据治疗师确定的一个主题，由来访者根据自己理解即兴伴奏，然后经过治疗师与之讨论、对其评估与指导，达到治疗目的。其中，接受式音乐治疗和再创造式音乐治疗对于社交障碍幼儿、聋哑幼儿、残疾幼儿和自闭症幼儿有显著疗效。

（二）幼儿舞蹈治疗

舞蹈治疗是指通过治疗性地运用动作和舞蹈，使人们创造性地参与治疗过程，以促进他们情绪、认知、身体和社会性的整合。① 早在 19 世纪，舞蹈治疗被英国部分学者所倡导。20 世纪 40 年代，舞蹈治疗正式形成。1965 年，美国成立了“美国舞蹈治疗联合会”，舞蹈治疗正式成为心理治疗的一种。

舞蹈治疗的基本原理是：人的身心存在着交互作用，动作的改变会影响人的整体机能；同时，动作具有象征功能，可以表达人的潜意识过程及人格特征。幼儿舞蹈治疗的主要目标是促进幼儿心智发展、学习生活技巧，通过肢体活动协助幼儿发展及协调动作、培养社交技巧、适度表达情绪、控制冲动、觉察和维持身体界线、专注和致力完成任务，以及培养幼儿问题解决和创意能力。

在舞蹈治疗的开始阶段，治疗师应带领来访幼儿进行热身，并密切观察与评估其舞蹈动作，进而确定治疗目标。在治疗探索与行动阶段，治疗师应积极引导幼儿通过舞蹈动作表达方式来表现内在经验，特别是鼓励幼儿借助象征暗示性的动作或符号，以隐喻的方式将内在状态外化，从而使其深层次地了解自己的心灵状态，旨在重新整合自我，对其日后的行为表现产生积极影响。

第三节　阅读治疗

古埃及底比斯城图书馆的正门上方镌刻着“疗治灵魂之地”的铭文。我国汉朝的刘向指出：“书，犹药也。善读之可以医愚也。”迄今为止的人类历史不仅充分证明了书籍

① Bonnie Meekums. 舞动治疗［M］. 肖颖，等译. 北京：中国轻工业出版社，2009：4.

对于丰富个体知识的重要作用，也充分证明了对于个体心理健康的积极影响。人们在阅读过程中可以将自己融入故事情境中，直接感受主要人物和角色的经历，故阅读具有一定程度的心理治疗作用。

一、阅读治疗的理论基础

阅读治疗，又称作“图书疗法”，是指利用阅读图书达到增进自信、改变行为和人际关系等治疗疾病的一种方法。美国著名的内科医生本杰明·拉什是第一位正式开展阅读治疗的治疗师，他于19世纪初呼吁精神病院提供有益健康的读物，通过阅读减轻环境给病人带来的压力，矫正病理性情绪状态。20世纪60年代以后，应用图书辅助治病不再只针对精神疾病患者，也不再局限在医院范围内，开始进入更为广泛的社会领域，为一切需要帮助的人包括儿童、老人、残疾人甚至犯人服务，如组织盲人读书会，为老人和闲居家中的人送书上门。1984年，国际图书馆联合会在《图书馆为医院病人和残疾人服务纲要》中强调阅读治疗应当在患者康复过程中发挥重要作用。莫里斯·范恩最先把阅读治疗发展为“指导性阅读”，指出阅读治疗可以帮助儿童正视自己的情感并将其进行合理宣泄。在幼儿绘本或视听资料阅读治疗过程中，治疗师应让幼儿主动去阅读、倾听、讨论、做出解释，感到他们是在通过自己的努力来实现自身的改变。

（一）心理动力学理论

弗洛伊德将人的心理比喻为一种水利系统，只有合适、畅通的渠道才能保证水的正常流动，当系统中的某一段渠道堵塞或部分堵塞（如癔症、强迫症、恐惧、焦虑等心理障碍）时，应通过合适的方法进行疏通或者开辟新的渠道使水利系统重新运作起来。弗洛伊德将阅读的治疗机理归纳为认同、净化和领悟。认同是指有意无意地将主人公的特征、情感、经验等同自己的经历，找到契合之处，产生认同和共振，从中获得支持，释放焦虑，排解抑郁。净化是指在欣赏作品时与人物发生心灵契合和沟通，使内心冲突外向化，促进情绪调节和感情升华。领悟是指将无意识的心理过程转化为有意识，经过共鸣、净化之后，对作品深层意蕴进行追问和思索，有所开“悟”。

（二）认知失调理论

费斯汀格的认知失调理论认为，人的有关自我、行为或环境的知识或信念结构是相对平衡协调的，如果两种认知或信念之间发生冲突，人总是试图予以恢复这种平衡协调状态，以减轻不愉快的情绪。人可以通过阅读来改变不协调认知中的一个，或减少不协调的重要性，或增加一些新的信息，最终使两种认知或信念达成协调一致。

（三）建构结构理论

皮亚杰认为，认识既不是来自客体，也不是来自主体，而是来自主客体之间的相互作用。认识并非是主体对于客观存在的简单的、被动的反映，而是一个主动的、不断深化的建构过程。换句话说，所有的知识意义是通过内在表征过程主动建构出来的；在知识意义建构过程中，主体已有的知识、经验有着特别重要的作用，所有知识意义随着学习环境的变化而处于不断发展变化的过程中。阅读的过程是对文本意义进行建构，不断调节心理状态，维持心理平衡，摆脱各种心理障碍的过程。来访者总是倾向于用已有的认知结构同化作品中的信息，但是作品中的新信息与来访者已有认知结构中的信息可能存在差异，无法同化的情况下必然引起原有认知结构的变化，以顺应新信息。

（四）自我同一性理论

自我同一就是一种关于自己是谁、在社会上应占什么样的地位、将来准备成为什么样的人以及怎样成为这样的人的一系列感觉。自我同一性理论认为，阅读是获得自我同一的一种有效途径，来访者与文本互动可以产生以下三种影响：（1）来访者将书中真实或虚幻的情节与自己的心境相结合。（2）来访者产生“视为同一”心理时，能使自己紧张的情绪松弛。（3）来访者对书中情节产生认同后，能在一个较成熟的水平里看待自己的情景，从而获得洞察力，并能以较理性的方法来解决自己的问题。[①]

知识链接

阅读疗法的基本分类

1. 科学的阅读疗法与技能的阅读疗法。
2. 暗合的阅读疗法与明确的阅读疗法。
3. 一般阅读疗法与临床阅读疗法。
4. 诊断、临床、发展与防护的阅读疗法。
5. 教养院阅读疗法、临床阅读疗法和发展阅读疗法。
6. 以阅读为中心的阅读疗法和交互式阅读疗法。
7. 治未病的阅读疗法（阅读保健、阅读养生）和治已病的阅读疗法（临床阅读疗法）。
8. 强调抚慰的阅读疗法和强调激励的阅读疗法。

① 季秀珍. 儿童阅读治疗［M］. 南京：江苏凤凰教育出版社，2011：39.

9. 自疗式阅读疗法和他疗式阅读疗法。

10. 个体阅读疗法和群体阅读疗法。

二、幼儿阅读治疗的主要功能

常见的儿童阅读治疗的媒介材料包括歌谣、诗歌、寓言、童话、小说、绘本等。治疗师对来访幼儿的了解、良好治疗关系的建立、对阅读材料的阅读和理解、将幼儿与阅读材料的匹配等都会影响到来访幼儿的体验、认同、宣泄和领悟。概而言之，幼儿阅读治疗的主要功能包括以下三个方面：

（1）鼓励幼儿自由表达出被压抑的问题和事件，帮助幼儿分析与自己和他人有关的想法和行为。

（2）在降低焦虑和提供情感释放时进行放松训练。幼儿会因发现阅读材料中的儿童也有同样的感受和经历，焦虑得以缓解。

（3）通过提供解决问题所必需的信息来教育和促进幼儿积极思考，幼儿通过阅读获得的信息运用想象力尝试用新的方法解决原来解决不了的问题。

三、幼儿阅读治疗的实施

（一）准备阶段

首先，治疗师需要给幼儿创设温暖且信任的氛围。无条件接受、真诚、共情和信任等的应用是阅读治疗的必要条件。治疗师必须卷入幼儿的个人发展，必须能够意识到并理解幼儿的感受、情感和行为。治疗师须在理解和关心的基础上与幼儿交流，通过有效的倾听去了解幼儿的感受和想法，进入幼儿的世界，努力通过幼儿的眼睛来看待身边的世界。此外，治疗师要分清来访幼儿的问题是普遍的发展性问题，还是经历了特殊的情境性冲突，进而评估问题的严重性以及对幼儿心理和社会功能的影响程度，以决定选择使用个别治疗还是团体治疗，采用哪种具体的阅读治疗策略。

（二）实施阶段

治疗师应非常熟悉并精心选择阅读材料，不仅要考虑来访幼儿年龄、性别、发展水平和阅读水平，还要考虑幼儿的能力、天资、应对技能、兴趣、需要和经验，特别是要明确幼儿心理冲突的类型，必须区别对待发展性冲突（噘嘴、吮吸拇指、遗尿）和情境性冲突（家庭暴力、物质滥用、受性侵、丧失亲人等）。治疗师应高度关注幼儿体验，积极帮助幼儿观察自己的思想、情感和行为，通过与故事中角色产生共鸣而获得领悟，从而起到解决问题、化解冲突、改变态度、矫正行为的效果。

（三）评价阶段

阅读治疗的评价可以通过治疗师的观察、来访幼儿的自我报告、来访幼儿家长的观察、心理测验、幼儿园老师的观察等多种途径进行，考察幼儿在参加阅读治疗前后的心理和行为变化，用于证明治疗的效果。

第四节　家庭治疗

家庭特别是原生家庭对幼儿具有持续终生的重要影响。良好和谐的家庭人际关系，会使幼儿形成良好的心境、乐观的态度、积极向上的人生观，而紧张的家庭人际关系会给幼儿造成心理压力，使其产生消极悲观的情绪，进而对家庭失去信赖，严重的会导致心理疾病甚至走上违法犯罪的道路。家庭治疗是以家庭为对象实施的团体心理治疗模式，强调从家庭系统角度解释个人的行为与问题，通过协助家庭消除异常或病态情况来促进个人的改变。其主要目标是：协助建立家庭规范与适宜的家庭结构，以便发挥家庭功能；协助家庭成员间建立适当联结，提供适宜情感支持；促进良好家庭关系形成，避免家庭人际冲突；促进合适的家庭沟通，维持家庭交流成效；协助家庭顺利度过家庭发展阶段，支持家庭完成发展任务①。

一、家庭治疗的理论基础

（一）鲍文家庭治疗理论

莫瑞·鲍文是多世代家庭治疗理论创立者，他提出了自我区隔化、核心家庭情绪系统、多世代传递过程、情绪三角关系、家庭投射历程、情感切断、手足出生顺序、社会性退化八个基本概念，认为人们能够对自己的问题承担更多的责任，并把家庭治疗看做人们更多了解自我以及相互之间关系的一个机会，为在家庭治疗中研究人类行为和问题提供了更为广泛的视野。他认为，治疗师的主要任务是帮助家庭成员搞清楚过去错误发生的时间、地点和缘由，引导家庭成员积极面对和探索自己在家庭问题中扮演的角色，倡导治疗师采取以下工作策略：（1）制作世代家谱图，并确认其家族有哪些转折点，弄

① 郑爱明．儿童家庭治疗［M］．南京：江苏凤凰教育出版社，2011：42-47.

清楚家族的关系脉络。(2) 尝试返回原生家庭，训练自己成为其家庭历程的客观观察者，学会如何确认与管控家庭成员的情绪反应。(3) 应在家族处于高度压力情况下（如有家庭成员重病或死亡），及时返回其家中观察并帮助理顺彼此关系。(4) 引导家庭成员加深彼此了解，阻断旧的情绪性反应模式。

(二) 系统化家庭治疗理论

20 世纪 70 年代，帕拉左理、伯斯寇罗、赛倾和普拉特四位心理治疗师成立了米兰家庭研究中心，探索开展系统取向的家庭治疗。他们主张系统地从行为、关系、不同家人如何感知与解释某一事件中寻找差异，积极维持家庭系统平衡关系，帮助每个家庭成员提高他们的基本的自我分化水平。他们倡导治疗师秉持中立、客观的角色立场，避免卷入家庭三角关系之中。在对家庭进行干预治疗之前，应通过一系列的会谈评估和测量技术来评估家庭过去的和现在的情绪系统。

(三) 策略化家庭治疗理论

20 世纪 80 年代，贝特森、杰克森、黑磊等根据沟通理论提出策略化家庭治疗理论。其核心主张是：问题本身是真实存在的，必须由治疗师提出一些策略来加以解决；治疗师的任务就是针对来访者的人际情况制定出明确的目标，设计出一整套介入或干预措施，并仔细地针对问题安排具体的治疗策略；只要治疗师用他的指导者身份和权威的姿态下达指令，要求家庭执行新的互动关系，问题就会改变；只要改变家庭目前不良的沟通方式，就会解决问题。

(四) 结构化家庭治疗理论

20 世纪 70 年代，萨尔瓦多·米纽钦提出了结构化家庭治疗理论。其核心概念为家庭结构、子系统和边界。米纽钦认为，鉴于来访者的症状是由不良的家庭组织结构所维持，治疗师应首先探讨其家庭结构，挑战那些僵化、重复出现的互动模式，然后“解冻”这些模式，创造出家庭结构重组的机会，给家庭成员带来新的体验，让他们看到希望。

(五) 社会建构主义家庭治疗理论

社会建构主义家庭治疗理论认为，大家都是依据自己对家庭的假设来看待家庭以及家庭中的问题。一个家庭有几个成员，就将有几重“事实”，绝不可能有一个统一的“事实”。由于治疗师是被治疗的家庭系统中的一部分，难以客观地观察这个系统，不可能完全揭示家庭的“现实”。因此，治疗师的任务不是去指导或操纵家庭，使之符合治疗师设想的样子，而是大力推进双方平等对话，“共同构建”出新的家庭意义。

二、幼儿家庭治疗的实施

幼儿家庭治疗前的准备包括治疗师自身的准备和第一次访谈前的准备。治疗师自身成长的准备包括个人专业成长中的知识结构、人格结构、理论取向和治疗技能提升，以及如何处理个人的未完成之事和如何看待来访者等。对幼儿家庭第一次访谈前的准备主要包括：初步接触，确定幼儿家庭对治疗的期望目标，签订治疗协议，收集资料以及初步的假设和评估。

治疗师对幼儿父母和家庭系统评估的重点内容有：父母关系及其交流与冲突解决方式；是否有婚姻外关系卷入；父母教养方式及其类型归属；家庭结构特征；家庭生命周期阶段及其人际冲突特征；家庭成员的权利义务关系；家庭所处的大社会文化环境（含风俗、习惯、宗教等亚文化系统以及邻里关系）；来访幼儿自己的自我伤害和受到他人的伤害（家庭暴力、性侵犯等）。

在幼儿家庭治疗过程中，不同治疗师通常会根据其理论取向和实际经验、专业研究成果、治疗受到的财务约束、治疗持续的时间以及家庭成员参与治疗的意愿等情况进行综合研判，然后执行治疗协议。目前，国内外的家庭治疗趋向采用短期的、以解决问题为重心的治疗方法，平均次数为 4 ～ 6 次，每次时间约在 90 分钟之内。

本章小结

本章介绍了幼儿心理治疗中常用的游戏治疗、艺术治疗、阅读治疗和家庭治疗的基本概念、理论基础、实施过程和操作要点。

同步练习

一、名词解释

1. 游戏治疗
2. 艺术治疗
3. 阅读治疗

4. 家庭治疗

二、简答题

1. 简述游戏治疗的理论基础。

2. 简述艺术治疗的理论基础。

3. 简述阅读治疗的理论基础。

4. 简述家庭治疗的理论基础。

三、思考题

1. 如何认识游戏治疗、艺术治疗、阅读治疗和家庭治疗的区别与联系？

2. 如何综合运用游戏治疗、艺术治疗、阅读治疗和家庭治疗的方法来提升幼儿心理治疗水平？

第五章　幼儿常见心理问题咨询与治疗案例

学习目标

1. 了解幼儿常见的心理问题的主要症状、成因和治疗方法
2. 结合案例熟悉幼儿常见心理问题咨询和治疗方法的具体运用

学习重难点

1. 幼儿常见心理问题的诊断
2. 常用心理咨询与治疗方法的实际运用

学习方法

1. 案例法
2. 实操法

教学建议

1. 精心组织案例教学

2. 加强实操演练

第一节 注意缺陷多动障碍

注意缺陷多动障碍（attention deficit hyperactivity disorder，ADHD）又称多动症，是智力正常或基本正常的儿童，具有与其年龄不符的注意力集中困难、行为冲动性和活动过度的特点，因而学习困难、学习成绩及社会适应能力差。[①] 注意缺陷多动障碍是儿童期常见的一种认知行为障碍疾病，一般在 7 岁前出现，典型发病年龄为 3 岁。国内外调查发现在儿童中的患病率为 3% ～ 7%，男女性别比例为 4∶1 ～ 9∶1。部分患病儿童直至成年仍有症状，对其身心健康、家庭生活和社交能力有深远影响。

一、注意缺陷多动障碍的主要症状表现

（一）注意缺陷

主要表现为注意力集中困难，注意力持续时间短。在学习和玩耍的过程中注意不到细节，常因粗心出现差错，不愿意或有意回避需要长时间集中精力的任务和活动，做事拖拉，丢三落四，常常遗失玩具、学具，忘记老师和家长布置的任务和作业。

（二）活动过多

患儿在婴儿期就表现出好动、不容易安静下来，学走路时往往以跑代走；在幼儿期表现为跑着做事；在学前末期、小学初期表现为在清醒状态下不能安静端坐，在小椅子上扭来扭去，拿上玩具玩一下就丢开，常擅自离开座位，到处跑、攀爬、推撞别人，在进行阅读、参加活动和做游戏时难以持续。

（三）行为冲动

患儿的行动先于思维，容易在信息获取尚不充分的情况下贸然进行行为反应。行为冲动，不考虑后果，常与同伴发生肢体接触，造成不良后果。在别人说话时，经常插嘴或直接打断别人的谈话，等不及老师问完问题就抢着回答，不能耐心排队等候，也不能进行规则游戏。

① 李百珍．青少年心理卫生与心理咨询（修订版）[M]．北京：北京师范大学出版社，2005：106．

（四）学习困难

患儿参加活动和听课效果差，完成作业速度慢，质量不高，学业成绩常低于同龄儿童，与自己的智力水平不匹配。

（五）神经系统发育异常

患儿在小肌肉动作、精细动作、协调运动（视听转换）、空间知觉等方面发育较差。如系鞋带、扣扣子、捡豆子、编辫子等，进行建构、拼搭游戏比较困难。难以分辨左右方位。少数患儿还伴有语言发育迟缓、语言表达能力差和智力发育迟缓等问题。

（六）品行障碍

注意缺陷多动障碍与品行障碍的共病率达 30% ～ 58%。品行障碍多表现为攻击性行为，如打人、骂人、虐待小动物、破坏物品等。80% 的患儿还有好打架、好顶嘴、执拗、霸道、恃强凌弱、纪律性差等不良行为表现。

在以上六种症状表现中，注意缺陷、活动过多和行为冲动是注意缺陷多动障碍患儿的典型症状，具有诊断价值。

二、注意缺陷多动障碍的主要成因

注意缺陷多动障碍的成因和发病机制还有待进一步研究。目前，学界认为是多种因素综合作用所致。

（一）遗传作用

家族谱系研究、双生子研究和寄养子研究发现，遗传因素是引起 ADHD 的重要因素，平均遗传度约为 76%。染色体异常、患儿父母的精神病等遗传因素均会不同程度地影响幼儿的脑功能，导致多动。

（二）神经递质

来自神经生化和精神药理学的研究发现，大脑神经化学递质失衡，多巴胺和去甲肾上腺素功能低下，5- 羟色胺功能下降都可能导致 ADHD。

（三）神经解剖和神经生理

结构磁共振成像技术（MRI）发现，患儿额叶发育异常和双侧尾状核头端不对称，以及存在脑功能缺陷，如额叶功能低下，在额叶特别是前额叶、基底节区，前扣带回大脑皮质、小脑等部位功能有异常激活的现象。

（四）环境因素

产前、围产期和出生后的环境因素都有可能与 ADHD 有关。妊娠和分娩相关的危险因素包括患儿母亲吸烟、饮酒，患儿早产，分娩障碍，产后缺血缺氧，以及甲状腺功能障碍。发生在儿童期的疾病如病毒感染、脑膜炎、脑炎、头部损伤、癫痫、毒素和药物也与 ADHD 有关。除此之外，营养不良、与食物有关的致敏反应、过多服用含食物添加剂的饮料或食物、吸入汽油燃烧后的含铅气体等也与 ADHD 有关。

（五）家庭和心理社会因素

家庭中父母关系不和，家庭教养方式失当，父母性格不良、家庭氛围紧张、教育方法不当、家庭破裂，患儿与父母分离、受虐待，家庭经济困难、住房拥挤，父母患有抑郁症或有反社会行为、物质成瘾等均可成为诱发 ADHD 的原因或症状持续存在的原因。

三、注意缺陷多动障碍的治疗方法

（一）早期预防和治疗

随着对 ADHD 致病原因和机制了解的深入，及早预防和综合治疗引起了人们的重视。首先，应进行早期的产前识别、围产期护理和分娩监控，以进行必要的预防和治疗。其次，应加强对幼儿园和小学的儿童的 ADHD 早期筛查，在幼儿园、小学、医院和社区对重点人群进行 ADHD 的宣传和培训，提高家长、教师、医生对 ADHD 症状的识别能力，提高早期识别水平和治疗水平，及早收治患儿，减少对幼儿及其家庭和社会的危害。

（二）饮食和药物治疗

饮食和药物治疗能够改善注意缺陷，降低活动水平，一定程度上可以提高学习成绩，短期内改善患儿与同伴、家长和老师的关系。目前还没有足够的证据证明哪些食物与 ADHD 有明确关系，但在给幼儿提供的食物中要避免加入人工色素调味品、防腐剂和水杨酸酯等。

药物治疗主要采用利他林（哌甲酯及其控释片）和托莫西汀（选择性去甲肾上腺素再摄取抑制剂）。利他林仅限于 6 岁以上患者使用。低剂量有助于改善注意力，高剂量能够改善多动、冲动症状，减少行为问题。托莫西汀耐受性较好，不良反应少，已被列为 ADHD 的一线治疗药物。

（三）心理治疗

对 ADHD 患儿的心理治疗可以采取行为治疗和认知行为治疗两种方式。针对患儿的人际关系不良，对人有攻击性行为和言语，自我控制能力差，行为治疗可以利用工具性条件反射的原理，对患儿的目标行为进行及时强化，使他们学会适当的社交技能，用新的有效行为代替不适当的行为。具体可采用“分散学习”的方法，设置安静、无干扰的环境，将患儿的学习和游戏时间化整为零，每隔 10 分钟休息一次；也可采用“及时强化”的代币法，如患儿能保持注意，应及时表扬或给予代币奖励，如出现乱跑、打闹等行为则视具体情况进行“冷处理”或取消代币；还可以采用“程序训练”的方法，用指导语训练患儿控制和指导自己的行为，让患儿先观察成人如何做游戏或做作业，然后在成人旁说指导语时做游戏或做作业，最后让患儿自己边说指导语边进行游戏或作业。[①]认知行为治疗主要解决患儿的冲动性问题，让他们学习如何去解决问题，识别自己的行为并选择恰当的行为。

（四）行为干预和教育

教师和家长要针对患儿的特点进行有效的行为干预和教育，避免歧视、体罚或变相体罚等简单粗暴的教育方法。应更多地表扬和鼓励，引导和提高患儿的自信心。在幼儿园和学校，可以将患儿安排在离老师近的位置，以便及时引导他们集中注意力。如患儿的父母和老师确定患儿的病情和行为已经影响到了他们正常参加学习和游戏活动，可以带患儿接受心理咨询和治疗。

（五）家庭治疗和训练

对于伴有品行障碍和其他心理问题，且父母不同意接受药物治疗或父母教育方式不当的 ADHD 患儿，可以通过进行单个家庭或小组的形式进行治疗和训练。咨询师和治疗师可以为家长提供良好的、支持性的环境，指导家长加深对 ADHD 症状表现、形成原因和治疗原理、治疗措施的认识，有效避免亲子之间的矛盾和冲突。

注意缺陷多动障碍的治疗案例

一名儿童被诊断为多动症，学习机能左半球功能较强，即言语功能比空间机能要好。除了多动症外，该儿童还存在许多对抗行为，而且还表现出许多抑郁情绪及睡眠问题。在心理评估基础上决定采用同时进行左右侧大脑反馈训练。右侧训练有利于包括冲

① 刘维良．幼儿心理健康教育［M］．北京：华文出版社，2004：89-90．

动性、学习技能缺乏和睡眠问题的改善；左侧训练有利于包括注意缺乏、对抗行为和抑郁倾向的改善。最初应注意左右侧反馈训练保持平衡。

设置预设值后开始进行反馈训练。要求儿童观看显示器显示的 3 个正方形目标，搜寻最大的正方形。每个预设值均显示在屏幕上，如果儿童能保持 0.5 秒的时间，就可听到奖励声音，每听到一个声音，儿童得分就增加。训练半小时获得总分超过 1000 分就给予奖励。在这期间需注意观察儿童行为表现，无论什么时候都要教会他把注意力返回到训练作业上。如果儿童双手仍不由自主地活动，可以给点东西让他拿着。每 3 分钟暂停 10 秒，允许儿童休息一下以便继续重复训练。在此期间可显示前 3 分钟儿童所得分数，以便记录训练程序，并且常常需要鼓励儿童。训练 15 分钟后要求儿童讲述他的感受。如果出现头痛加剧或感到愤怒、紧张时，治疗师必须及时调整训练参数。

（资料来源：郑延平．生物反馈的临床实践［M］．北京：高等教育出版社，2003：251-252.）

第二节　感觉统合失调

感觉统合（sensory integration theory）是指个体对进入大脑的各种感觉刺激信息（视觉、听觉、嗅觉、味觉、触觉、前庭觉和本体觉等）在中枢神经中形成有效的组合的过程，简称“感统”。感觉统合失调是指外部的感觉刺激信号无法在个体的大脑神经系统进行有效组合，使机体不能和谐运作，久而久之形成各种障碍，最终影响身心健康。儿童感觉统合失调意味着儿童的大脑对身体各器官失去了控制和组合的能力，这将会在不同程度上削弱人的认知能力与适应能力，推迟人的社会化进程。

随着社会的进步和我国生育政策的调整，人们的生活方式发生了很大的变化，幼儿在营养和教育方面受到了高度重视，但幼儿的自然成长过程却常因父母的过分溺爱和生活环境的制约以及社会激烈竞争而受到影响，幼儿感觉统合失调率急剧增加。

一、感觉统合失调的主要症状表现

（一）本体感觉失调

患儿喜欢用力挥动手脚或用力做某些动作。模仿他人动作却不到位，经常不知所措。趴在地板上时全身较软，头、颈、胸的提起特别困难。坐姿不够稳定，东倒西歪。

力量控制较差，常会因太用力而损坏玩具、伤及玩伴，或因用力太小而抓不住东西。速度控制较差，跑起来难以按指示停止，跌跌撞撞。对蹦跳的感觉寻求高，喜欢摔跌自己的身体，喜欢踮着脚走路。

（二）前庭感觉失调

患儿喜欢转圈，而且转很久都不觉得头晕。喜欢看和玩可以转动的东西。经常喜欢爬到高处，走路时边走边跳。身体平衡性差，走路经常东倒西歪，容易碰到东西或人。颈部挺直保持时间较同龄儿童短，常常低头。

（三）视觉系统失调

即使经常看到的东西都会使患儿感到害怕；喜欢看着自己的手发呆；对特定的颜色、形状、文字特别感兴趣甚至达到固执的境地；喜欢将物品进行排队；喜欢斜眼看东西；喜欢躲在较阴暗的角落；喜欢看色彩鲜艳、场景变换较快的广告；喜欢看风扇或转动的东西；喜欢乘车，对车窗外景物变换非常感兴趣。

（四）听觉系统失调

患儿常会用手盖住耳朵或按压耳朵；对尖锐的或拉高的声音一点也不感到讨厌，甚至表现出喜欢；有时对很小的声音感兴趣；喜欢无端尖叫或自言自语。

（五）触觉系统失调

表现为害怕陌生环境，过分依恋父母，当父母离开时容易产生分离焦虑，过分紧张。偏食，暴饮暴食，吃东西略为咀嚼就直接下咽。喜欢吮吸手指，咬指甲，触摸生殖器。特别喜欢一些感觉，如玩沙，刮东西。拒绝使用某些质地的材料，如胶泥、糨糊等。

二、感觉统合失调的主要成因

（一）怀孕期间处置不当

（1）先兆流产引起胎儿中枢神经系统先天不健全，造成幼儿发育迟缓。

（2）怀孕期间妊娠反应严重，造成孕妇营养吸收能力差，进而造成胎儿营养不良或早产。

（3）孕妇在怀孕期间吸烟、吸入二手烟、大量饮酒、喝浓茶、喝咖啡，会造成脐带毛细血管萎缩，孩子出生后在不同阶段会出现不同程度的感统失调。

（4）因胎位不正造成固有平衡失常。

（二）母亲养育方式不当

（1）母亲与婴幼儿的接触不足造成其触觉刺激缺乏及活动不足。

（2）婴儿出生后父母及主要监护人对其摇抱较少，幼儿静坐的时间比较多，过分限制幼儿的活动范围。

（3）过分溺爱婴幼儿，不让婴幼儿哭，造成婴幼儿心肺功能减弱，口腔肌肉锻炼缺乏。

（4）忽视婴幼儿适龄基本能力的培养和训练，缺乏运动、缺少游戏。

（5）缺少游戏和活动的同伴，群体生活缺乏，造成语言发育迟缓。

（三）家庭教育方法失当

（1）家庭小型化和生活都市化，容易使监护人对婴幼儿过度保护。早期的社会比较、竞争化教育方式造成儿童心理紧张、感觉统合不足。

（2）家长过早对婴幼儿进行认知教育，对其要求过高、限制过多。

（3）家长不尊重幼儿的基本权利，不注重健康人格的培养，缺乏素质教育的意识。

（4）手机、电视、平板电脑成为幼儿的主要玩具，家长与幼儿交流少、共同参与的活动更少。

（5）生活环境过于封闭，幼儿听说太少，幼儿的坚持性和等待性差，遇到事情的变通能力差。

（6）物质上过于宽松而精神上有些苛刻，对幼儿的情绪情感回应不够、抚慰不足，使幼儿皮肤饥渴。

三、感觉统合失调的治疗方法

对于感觉统合失调的患儿，治疗的最终目的是改善其大脑神经系统的统合功能。每位患儿存在的问题不同，治疗方法各异。

（一）本体感觉刺激失调治疗

本体感觉是人类动作与行为的基本感觉，主要是指身体各部位的肌肉、肌腱、关节、韧带等刺激信息的处理。依靠这种感觉，人们进行动作和行为的调节和修正。为了促使本体感觉正常化，提高感统能力，可以对患儿进行游泳、摔跤、拔河、爬绳、搬运货物、踩童车等促使肌肉紧张、收缩的运动。这些运动将有助于中枢神经系统本体感觉信息的输入。

（二）前庭感觉刺激训练

前庭的功能对大脑整体功能起着重要作用，刺激前庭在感觉统合训练中得到了广泛应用。前庭感觉刺激训练是指通过给予幼儿前庭器官各种不同程度的刺激，使调节姿势反应的前庭功能正常化，在接受触觉刺激的同时促使与其他感觉的统合。可以对患儿进行以下方式的运动训练：（1）旋转型运动，如坐旋转木马、旋转椅子等。（2）摇晃性运动，如俯卧位、仰卧位、侧卧位、头脚颠倒等体位进行秋千、吊床游戏。（3）平衡运动，如平衡木、平衡板等。（4）跳跃性运动，如蹦床、翻滚、垫上运动。（5）姿势反应性运动，如骑踏板车、滑梯、爬行等运动。（6）速度感、位置感、距离感的体验，如单脚滑行踏板车、坐滑板车等。

（三）触觉刺激训练

触觉刺激对于患儿神经系统整体感觉的统合以及对感觉认知、感觉运动均起作用。如用软毛刷、干毛巾或丝绸等柔软的物体轻轻接触患儿的背部、腹部、腕部、面部、手脚等部位的皮肤。手背及前腕是触觉防卫最小的部位，而腹侧、面、足部对刺激敏感，防卫性大，往往难以接受接触和摩擦。根据临床观察，摩擦口腔周围皮肤对幼儿语言的发育起重要作用。另外还可以让幼儿进行皮肤刺激的游戏，如戏水、黏土游戏、裸足玩沙等。一般说来，触觉刺激30分钟以上，可对神经系统产生影响，时间越长，效果越好，具体应根据患儿的耐受程度进行调整。

上述三种感觉统合失调的训练方法在运用的过程中，刺激时间的长短、刺激程度的强弱、使用的工具等都应充分尊重患儿的意愿，由患儿进行选择。只有幼儿感到舒适、愉快，才能获得他们的配合，进而达到感觉统合训练的目的，获得较好的疗效。

感觉统合失调的治疗案例

尧尧是幼儿园大班的小帅哥，机灵活泼，勇敢，就是精细动作差了些，做事比较慢。每次画画或进行手工制作，总是那么凌乱、粗糙，扣扣子、系鞋带、整理服装之类的事情特别困难，一粒纽扣左塞右挤怎么都进不了扣眼，如果没有其他人帮忙，往往拖到全班最后一名才能完成。学期末幼儿园开始为大班幼儿升入小学做准备，让小朋友们背着小书包上学，还布置了一些做算术、写拼音的简单作业，尧尧的问题立刻显露了出来。他的字写得大，一个字得占好几格，其他小朋友能在两条线之间写下数字，他总是抱怨写不下。他写作业非常慢，别的小朋友一刻钟能完成，他得写四十分钟，字还是歪歪扭扭的。家长和老师想了很多办法，但是收效甚微。马上就要上小学了，作业的量和要求会更高，尧尧的父母忧心忡忡，前来求助。

诊断——感觉统合失调

心理治疗师在听完尧尧妈妈的叙述后，对尧尧在游戏室的活动表现进行了仔细观察，又让妈妈做了一份《儿童感觉统合能力发展评定量表》，在对妈妈的叙述、尧尧的观察和量表分数的解释进行综合后做出了“轻微感觉统合失调”的诊断，具体类型为动觉感不良的感觉统合失调。

治疗——游戏式心理训练

一般说来，感觉统合失调的治疗可以通过游戏活动进行。根据尧尧的具体情况，心理治疗师为他量身定制了一套游戏，利用他的课余时间和节假日，一周两次，一次一个小时，进行了为期 10 周的训练。训练内容包括感觉统合训练和特殊脑力训练。与此同时，心理治疗师建议根据尧尧感觉统合方面的失调状况，重新调整幼儿的课外活动内容，增加运动与游戏的时间。如大肌肉运动方面：安排了游泳、球类、跳绳、踢毽子、滚铁环、跳房子等活动项目，每天保证 40 分钟；小肌肉动作方面：安排了串珠子、夹豆子、搭积木、做手工等，每天练习 15 分钟；游戏活动方面，安排了爬行、翻滚、平衡、飞行、摇摆等活动，每天 30 分钟；另外还有不定期的出游，如爬山、远足等。

同时，生活技能方面，要求尧尧的妈妈彻底放手，让尧尧自己收拾衣物、整理床铺、洗漱淋浴等。幼儿做这些事的时候，妈妈以极大的耐心与宽容在旁支持，只动口不动手，促使他生活自理。妈妈还经常利用上下学接送、散步、晚上睡觉前讲故事的时间和他聊天，锻炼他的语言能力。

经过持续不断的训练，尧尧的问题得到了明显改善。在画画、手工、拼搭时的控制力提高了，生活能够自理了，因为动作比原先准确，时间也得到了控制。尧尧和他的父母对未来的小学学习和生活充满了信心。

（资料来源：王红梅. 幼儿感觉统合失调诊断与矫正的个案分析［J］. 当代幼教，2010（3）：44-46.）

第三节　社会行为问题

在人类社会中，人与人之间总要发生一定形式的交往和联系，在交往和联系中人们之间相互作用，相互影响，产生各种行为模式。社会行为是由社会交往刺激所引起的人的行为。幼儿正处于人在社会化过程中的关键期，会由于种种原因产生这样或那样的社会行为问题，如说谎、偷窃、嫉妒、攻击、破坏、残忍等行为。本节选取最具代表性的攻击行为，阐释其形成机理与治疗方法。

一、攻击性行为的主要特点

幼儿攻击性行为主要是指当幼儿的需求没有得到满足，或者自身的权利受到损害时，幼儿出现的身体上的攻击、语言上的攻击等侵犯性行为。其中，伤害意图、伤害行为与社会评价，是攻击性行为的三个要素，攻击者具有伤害他人的主观意图，目的是直接造成被攻击者的伤害或唤起被攻击者的恐惧。具有此不良行为的幼儿往往不积极参与活动，并且在活动中难于集中精力。由于交往中常常伴有攻击性行为，和其他幼儿的关系处理不好，常常遭受排挤，进而影响幼儿身心健康发展以及人格、品德和社会性的发展。幼儿攻击性行为的主要特点如下所述。

（一）攻击性行为较为频繁

婴幼儿天性好动，喜欢和同伴一起玩，但是他们社会化不足，缺乏必要的社会交往经验，所以经常在活动和游戏中表现出争抢玩具、学具，打人、骂人的攻击性行为。

（二）身体攻击较为多见

幼儿语言发展虽比较迅速，但由于其表达能力和理解能力的限制，再加上情境突发的因素，用语言来解决矛盾、化解争端较为困难，而肢体和身体动作较为直接、有效。所以幼儿往往有自己喜欢的就拿，甚至抢，抢不过来就出手打，待长大一些才会使用语言攻击及间接攻击的方式解决争端。

（三）由工具性攻击转向敌意性攻击

最开始的攻击通常以攻击为手段达到一定的目的，可称之为工具性攻击。随着年龄的增长，工具性攻击会慢慢向敌意性攻击转变，出现人身攻击，如给别人起外号等。

（四）存在显著性别差异

在幼儿期，出现攻击性行为的一般以男孩居多。男孩好冲动，很难控制自己的情绪，也很难控制自己肢体动作的力度，发生攻击性行为的频率远远高于女孩。

二、攻击性行为的主要成因

（一）生理、心理因素

幼儿的生理因素（如激素分泌、体型体貌特征等）对攻击性行为有一定的影响。如那些天生爱哭闹的“难养型”婴儿长大后较易产生攻击性行为。一般情况下，男孩之所以比女孩的攻击性行为多，可能与男孩身体的强壮程度、精力的旺盛程度、神经活动类型的强弱和平衡性有关。同时，幼儿期是幼儿社会性萌芽和发展的时期，幼儿开始与人交往、共同参加游戏活动，但是处于自我中心的心理发展阶段，尚缺乏社会经验，无法站在别人的角度考虑问题，面对矛盾容易冲动，产生攻击性行为。

（二）家庭因素

家长对幼儿的过度溺爱、过分要求、过分放任都有可能导致幼儿的攻击性行为。与溺爱相对应就是过分要求幼儿。当今社会竞争激烈，助长了家长“望子成龙”的心理，过分限制和束缚幼儿的时间、空间和交友，由于幼儿还处于“第一反抗期”，容易形成对抗和攻击。还有的家长过分放任幼儿，除了饮食起居外对他们不闻不问，任其自由发展，不加限制和要求，导致部分幼儿为所欲为。

（三）大众传播媒体

当下不少影视剧作充斥着暴力、凶杀等情节，且部分动画片和卡通片、绘本、小游戏等也存在审查不严的情形。由于幼儿明辨是非的能力差，好奇心、模仿心理较强，常因为刺激、好玩进行模仿和游戏。

（四）个人因素

在幼儿园的一日活动中，幼儿与老师、幼儿与幼儿之间交往密切，许多活动和游戏涉及秩序和规则，需要轮流、谦让、协商。由于幼儿以自我为中心，自我的发展还较为幼稚，自控能力弱，往往因为自身利益受损或自己的需要没被满足而产生攻击性行为。

三、攻击性行为的矫治

（一）提高幼儿的社会认知水平与移情能力

社会认知水平与幼儿攻击性行为密切相关。幼儿的社会认知水平越低，越容易忽视别人的利益、痛苦和幸福。反之，社会认知水平越高，越能够站在他人的立场上考虑问题，从行为上更容易向亲社会方向发展。另外，幼儿的移情能力越差，其攻击性行为发生的概率越高。如果让攻击者充分体验其攻击性行为给别人带来的伤害，可以有效减少和避免其攻击性行为。

（二）帮助幼儿掌握解决社会冲突的策略和技能

老师和家长都应经常性告知幼儿，在遇到自己无法解决的冲突和矛盾时，可以寻求老师和家长的帮助。老师和家长应主动采取集体谈话、情景表演、故事讲述等方式组织幼儿观察、学习、讨论，为他们树立榜样，鼓励他们采取等待、合作、谦让等非攻击的方式来解决问题。

（三）引导幼儿掌握正确的心理宣泄方法

精神分析学派和攻击挫折理论都推崇使用宣泄的方法释放攻击性。在社会规范许可的范围内，可以引导幼儿学会对他人和自己没有伤害的幻想攻击活动从而进行合理宣泄。如当幼儿愤怒或情绪失控时，可将攻击对象换成玩具、玩偶或球类让其进行发泄，并在事后告诉他们发脾气不仅不能解决问题，反而可能会给他人带来伤害，这样做既满足了幼儿的心理需求，又可以使压抑的情绪得以释放，有助于减少和避免攻击性行为。

（四）及时表扬和奖励亲社会行为

有时幼儿的攻击行为是为了引起成人的注意，成人如果不理不睬，他们会认为目的没有达到，会采取更加过激的行为。因此，老师和家长应适时给予每个幼儿关注和鼓励，积极帮助他们解决矛盾和冲突，从而减少和避免攻击性行为。此外，也可以采取暂时隔离方法矫正攻击性行为。

（五）充分考虑幼儿的身心发展特点

幼儿园教师在安排游戏和运动活动时应充分考虑不同年龄阶段幼儿的身心发展特点，创设积极的环境，提供充足的玩具或器材，尽量减少容易诱发攻击性行为的场景，让幼儿在游戏和运动中学会分享、合作、谦让等品质。

（六）开展科学育儿指导

应通过讲座、沙龙的形式向幼儿家长普及育儿知识，促使他们转变教育观念，对幼儿进行合理预期。倡导科学、健康的家庭教养方式，对处于不同身心发展时期的幼儿因材施教，多鼓励、多关心，不攀比、不求全，树立科学的儿童发展观。

（七）正确使用惩罚

幼儿园老师和家长对发生攻击性行为的幼儿进行惩罚时，应就事论事，不可使幼儿感觉到成人不喜欢他了，或感觉到成人偏心偏爱。严禁体罚幼儿，这样做不仅不会遏制其攻击性行为，反而会增加其攻击性行为。

（八）合理选择大众传媒

家长和老师必须严把媒体价值导向关口，选择绘本和动画片时，应充分考虑幼儿的身心发展特点，务必减少和避免攻击、侵犯等媒体信息，更多地让他们从中感受到关心、信赖、温暖、真诚、团结等良好品质，促进他们亲社会行为的形成和发展。

攻击性行为的矫治案例

壮壮就读于某幼儿园大班，是一个倔强、外向的男孩，在班里他个子最高，身体最壮，胆子也最大。壮壮喜欢与人交往，不害怕陌生人，对数字敏感，会下棋，计算能力较强，反应速度快。在游戏活动中喜欢当“头儿”，指挥、支配其他小朋友，如果小朋友不配合，就使用强硬方式简单粗暴地加以解决。壮壮比较蛮横，常常推人、打人、撞人、抓人、踢人、咬人，骂人就更多见了。在幼儿园的建构区，他拿着一块积木去撞别人搭好的或正在搭建的“大楼”和“桥”，嘴里还配音“嗵……嗒……”，看着被撞塌、撞倒的“建筑”开怀大笑。在图书角，他听到小朋友们谈论哪本书有趣就一把抢过来，嘴里说着“给我看看”，如果小朋友不给就硬抢，大家都躲着他。午餐时壮壮不是把自己的剩饭倒在其他小朋友碗里，就是等小朋友站起来的时候偷偷地把小朋友的凳子拿掉，看着恶作剧的成功哈哈大笑、手舞足蹈。据观察，壮壮的攻击性行为主要表现为：（1）推搡、拖拽、碰撞小朋友；（2）咬小朋友的手和耳朵；（3）强行抢走小朋友的玩具和书籍；（4）故意踩小朋友的脚；（5）破坏其他小朋友的“作品”；（6）骂人、顶撞老师。

诊断

心理治疗师在听完壮壮的妈妈和幼儿园老师的叙述后，通过幼儿园教室视频对壮壮在活动中的表现进行了仔细观察，在对老师和家长的陈述、对壮壮进行观察和交谈的基础上做出了“攻击性行为”的诊断，属于攻击性行为问题。

治疗

方法选择：采用行为主义的方法进行治疗。（1）间断强化法：采用间断强化法中不相容行为的区别强化来矫正壮壮的攻击性行为。具体原理：选择一对不相容行为，一方面减少不良行为，另一方面强化良好行为，在减少一个不良行为的同时必然增加一个良好行为；或者在增强一个良好行为的同时必然会减弱一个不良行为。（2）正确选择不相容行为：根据壮壮的特点，选定了与小朋友友好地在一起画画、阅读、建构、游戏作为良好行为，攻击性行为作为不良行为。（3）代币法：壮壮只要哪天不打小朋友、不抢小朋友的玩具和学具、不破坏小朋友的作品、不骂小朋友，就可以得到一朵小红花。如果第一周能得到3朵小红花，第二周能得到4朵小红花，第三周能得到4朵或5朵小红花（小红花的数量只能增加不能减少，否则重新来过），如果连续4周得到3朵以上的小红花，妈妈就给他买一艘他喜欢的航空母舰模型。

治疗实施：分为三个阶段进行治疗。(1) 第一阶段 (1～3周)：进一步了解壮壮的性格特点和兴趣爱好，与他建立良好的关系，在此基础上使其形成正确的认知 (老师和小朋友都喜欢能够友好相处、不打人、不骂人的孩子，如果她想让老师和小朋友们喜欢他，就不应该打人、骂人。小朋友以前有一些不好的行为，只要改正了，大家都会原谅他的)。心理治疗师提醒老师在组织活动时多关注壮壮，暗示他和小朋友好好玩，提醒他好好玩可以获得小红花。如果出现了矛盾，搞清楚原因后，如果是壮壮的问题，就让他离开那个区角。治疗开始的前几天，壮壮基本上无处可去 (因其无论在哪个区角都故意捣乱)。治疗师指导幼儿老师利用这个契机引导壮壮"反思"为什么会这样，得到保证后安排壮壮回到自己的小组，请小朋友监督。(2) 第二阶段 (4～7周)：强化不相容行为。发挥壮壮的强项，利用他计算能力强、好胜心强的特点，安排他做"超市"的收银员、"高速"的收费员，表现自己的能力，完成交予的任务。(3) 第三阶段 (8～10周)：巩固治疗效果，消除攻击性行为。在治疗的同时争取家长的配合。首先治疗师与壮壮主要监护人进行沟通，将治疗原理和她们进行充分的交流。其次，在家里创设适宜环境进行心理疏导，转移壮壮的注意力。再次，要求家长做榜样为壮壮进行示范，强化他的正确行为。最后，重视不良社会因素的影响并及时进行教育，远离有暴力性质的动画片和传播媒介。

(注：本案例由编者根据真实案例改编。)

第四节　性格和情绪行为问题

发展心理学研究发现，幼儿6岁以前的情绪情感体验对人的一生具有深远的影响。幼儿此时如果无法集中注意力，脾气急躁、易怒、悲观、有破坏性，或者性格孤僻、焦虑、不能悦纳自己，会在很大程度上对其今后的个性发展和品格形成产生不利影响。幼儿的性格和情绪问题主要包括恐惧、任性、自闭症、退缩性行为和焦虑症等。本节主要探讨幼儿恐惧症和自闭症。

一、幼儿恐惧症

恐惧情绪是幼儿常见的一种心理现象，常常以表情、动作或生理反应对恐惧做出反应。①

① 刘维良．幼儿心理健康教育［M］．北京：华文出版社，2004：117.

幼儿普遍害怕与亲人分离，害怕陌生人和陌生环境，害怕某些动物和昆虫，害怕黑暗、电闪雷鸣，害怕有凶恶面孔的怪人，甚至害怕动画片和游戏中的怪兽、僵尸等。幼儿恐惧症是指幼儿对日常生活中的客观事物或处境产生过分恐惧的情绪，主要可以分为社交恐惧症、场所恐惧症和家庭恐惧症。

（一）幼儿恐惧症的典型症状

1. 情绪不稳定，性格内向

患儿表现出内向、安静、内省，不喜欢与人接触，情绪不稳定，易焦虑，对各种刺激的反应过于敏感且强烈，情绪爆发后很难平复。与人交往的过程中，强烈的情绪反应影响他们正常的人际适应。

2. 自卑感强烈

患儿容易自卑，常常自我贬低，认为自己缺乏社会交往的能力和技巧，无法与人沟通，害怕引起别人不好的反应。

3. 过于敏感

患儿好像总能从别人的目光中看出他人对自己的厌恶和憎恨。如果需要和陌生人进行接触和交谈，他们会因此更加紧张害怕。

4. 躯体症状

患儿表现出口干、出汗、心跳剧烈、脸红、口吃结巴、轻微颤抖等。有时，还伴有呼吸急促、手脚冰凉等状况。极端情况下，患儿会进入惊恐状态。

（二）幼儿恐惧症的主要成因

1. 缺乏社交经验和技巧

年龄越小的幼儿，社交经验越贫乏，社交技巧越少，不知道如何与人相处，常常在同伴交往的过程中遭到拒绝，尤其是在与比他大的幼儿交往过程中。这会导致患儿对自己的社会关系产生怀疑，缺乏自信心，害怕被拒绝，害怕参加交往活动，越是害怕越不参加，越不参加越害怕参加，造成恶性循环。

2. 家庭教养方式不良

许多家长将自己未实现的理想寄托给下一代，想在下一代的身上“圆梦”，经常拿自己的孩子与别人家的比较，然后按照自己的想法和行为方式要求幼儿。

3. 外界环境的影响

随着社会开放程度的加大，各种不安全的因素日益增多，为了让幼儿免受伤害，许多父母采取消极的保护措施，用语言和行动吓唬、限制幼儿的活动。

（三）幼儿恐惧症的治疗方法

1. 心理治疗

在认知疗法基础上，加以行为治疗，一般能取得较好的效果。行为疗法可以采用系统脱敏法、阳性强化法、冲击疗法等。

2. 放松或生物反馈治疗

可采用呼吸放松、肌肉放松训练等进行全身放松，也可采用生物反馈治疗仪进行全身放松治疗，可以取得一定效果。此外，音乐治疗和游戏治疗对于治疗幼儿恐惧症的效果也比较明显。

3. 药物治疗

对于情况严重的患儿，可以在医生的指导下服用小剂量的抗焦虑药物和抗抑郁药物。

幼儿恐惧症的治疗案例

劳拉是一个4岁半的女孩，她害怕在自己的房间里睡觉。第一次预约治疗是治疗师与父母的会谈。劳拉父母向治疗师报告说，自从1年半以前搬进新家之后劳拉就没有在自己的房间里睡过觉。劳拉通常先在她父母的卧室里入睡，然后由爸爸或妈妈将她抱起来，放到她自己的床上。劳拉会在自己的床上熟睡几个小时，然后在夜间她又会醒过来跑回到父母的床上。如果父母坚持让她回到自己的房间去，她就会喊叫并大哭。

第二次预约治疗是治疗师与劳拉会谈。治疗师对劳拉进行了“玩偶句子完成测验”，并从中发现劳拉的一些特殊反应，提示出有关她睡眠困难的想法与情绪感受。在讨论中，劳拉表达出她对于怪物的恐惧。在她的想象中，怪物又高又大又可怕，有长长的牙齿，只在夜里才出现，而且只在她的卧室里出现。劳拉同时还提到，她害怕自己房间里的张贴画，不喜欢壁橱的门敞开着，还有她3岁的时候是能够在自己的房间里睡觉的。她记得，对于能在自己的卧室里睡觉，她当时感觉很好。治疗师与劳拉一起列了一个表，看看如果她夜间能在自己的床上睡觉，哪些人会感到高兴。这个人名表里包括了妈妈、爸爸、劳拉自己，还有家里的那只猫。在第二次预约治疗结束的时候，治疗师对劳拉与她的父母提出了建议：关闭劳拉卧室里的壁橱门；移走使她感到害怕的张贴画；将关心劳拉的人名表打印出来贴在她的床边；为劳拉购买一个手电筒并放在她的床边随手可以拿到的地方；父母与劳拉练习使用假想的“神奇怪物喷射器”；由劳拉的父亲来承担晚上送她回房间的任务。

一周之后，劳拉全家前来接受了第三次治疗。劳拉父母报告说，劳拉在第一天夜里哭了 2 个小时，第二天夜里哭了 1 个小时，在第三天夜里只嘟囔了几分钟，在第四天夜里可以毫无困难地在自己的房间睡觉。在第三次治疗中，劳拉因为自己的积极努力得到了一些贴画（强化疗法），然后她与治疗师一起编写了一本“故事书”（叙事疗法），在书的每一页上都写有一些简单的积极自我评述：劳拉的书；有一天，劳拉整夜都在自己的床上睡觉；她使用了手电筒；她使用神奇的怪物喷射器，爸爸用它将怪物赶走了；她在自己的床上睡了一整夜；太棒了！他们还一起做了一个特殊的标牌，上面点缀着漂亮的星星，拿回家贴在劳拉的墙上。标牌上写道：“干得好！劳拉，能在自己的床上睡觉”。（强化疗法）

一个月之后，劳拉全家接受了第四次治疗。这一次，劳拉已经完全能够在自己的房间里睡觉，并且可以由父亲或母亲安排她的入睡程序。在对劳拉进行的个别游戏治疗中，治疗师使用玩具木偶让劳拉表演不同的入睡情景。当一个木偶表现出害怕黑暗时，劳拉叫他“使用手电筒”。由此看来，劳拉已经能够用自己的应对技能向木偶进行示范。她还帮助治疗师朗读他们在上一次治疗中编写的故事，并画了一张画。在画中，劳拉躺在自己的床上，而爸爸妈妈躺在他们自己的床上。所有这些活动都起到了强化她新近获得的技能的作用，并为劳拉提供了一个预防复发的方法。

（资料来源：卡杜森，谢福．儿童短程游戏心理治疗［M］．刘稚颖，译．北京：中国轻工业出版社，2002：21.）

二、幼儿自闭症

自闭症，又称孤独症，是幼儿在自我意识发展过程中产生的一种小脑生长发育迟缓的精神疾病，涉及感知觉、情感、语言、思维和动作等方面的发育障碍，是儿童心智和情绪发展上一种很严重的障碍。这种疾病在婴儿出生后就可产生，一般发生在 2 岁半以前。

（一）幼儿自闭症的主要症状

1. 语言障碍

语言障碍是自闭症的主要症状，也是大多数患儿就诊的主要原因。多数自闭症幼儿有语言发育延缓或障碍，通常两三岁仍不会说话，或者在正常语言发育后出现倒退。两三岁以前有表达性语言，随着年龄增长逐渐减少，甚至完全丧失，终身沉默不语或在极少数情况下使用有限的语言。

2. 社会交往障碍

患儿不能与父母建立正常的依恋，缺乏期待与父母和他人拥抱、爱抚的表情和姿态，受到爱抚时也不会产生愉快的表情，甚至对父母和别人的拥抱、爱抚予以拒绝。分不清亲疏冷热，对待亲人和其他人态度相同。也很难与同龄幼儿建立正常的伙伴关系。表现出与他人无目光交流，表情贫乏。

3. 兴趣范围狭窄，行为模式刻板

患儿表现出重复的刻板动作，如反复拍手、转圈、靠墙、跺脚等。患儿表现出对一般幼儿热衷的游戏、玩具不感兴趣，而喜欢一些非玩具的物品，如一个酒瓶盖，或注视风扇的转动可以持续数十分钟甚至几个小时。对玩具的主要特征不感兴趣却关注非主要特征，固执地要求保持日常活动程序的固定，如睡觉的时间段、所盖的被子、往返幼儿园的路线等。如果这些活动被制止或行为方式被改变，患儿会表现出明显的不愉快和焦虑，甚至产生反抗行为。

4. 智力障碍

自闭症患儿智力水平表现不太一致。少数患儿的智力水平在正常范围，大多数患儿表现为不同程度的智力障碍。国内外研究表明：50% 左右的患儿为中度以上的智力障碍（IQ<50），25% 的患儿为轻度智力障碍（50 ～ 69），25% 的患儿智力正常（IQ>70）。

（二）幼儿自闭症的主要成因

1. 遗传

家族谱系研究和双生子研究发现，自闭症患儿的孪生兄弟姐妹中 10% ～ 20% 有轻微的自闭倾向。

2. 疾病感染

母亲孕期患麻疹或风疹会使胎儿的脑部发育受损导致自闭症；新陈代谢类疾病也可以造成脑细胞功能失调，影响脑神经传递信息的功能导致自闭症；另外，孕期窘迫性流产等因素会造成胎儿大脑发育不全，早产、难产、新生儿脑部受伤，以及在婴儿期患脑炎、脑膜炎等疾病易造成脑部受损，增加自闭症发生的概率。

（三）幼儿自闭症的治疗方法

一般说来，自闭症患儿的预后与疾病发现的早晚、严重程度、早期言语发育状况、认知功能、是否伴有其他疾病、是否用药、是否训练等多种因素有关。常用的治疗方法包括感觉统合疗法、心理干预疗法和药物治疗。

1. 感觉统合疗法

（1）提供充足的各类刺激训练。治疗师可以为自闭症患儿提供他们可以接受的或喜欢的各类刺激，调动他们参与训练的积极性，改善其大脑对各种感觉的功能以对刺激

做出反应。在提高患儿大脑对刺激做统合处理的同时可以训练他们习得一些概念和生活技能。

（2）通过指导和训练促进患儿的语言发展。语言障碍是自闭症患儿的典型症状之一。对他们的语言发展进行针对性的训练与指导，通过回答简单的问题、连词成句、表演儿歌、讲简单的故事等尽量让患儿说话，促使其语言能力获得发展。

（3）提高患儿形成身体概念、空间概念和计划动作的能力。自闭症患儿对身体概念、空间概念的理解和计划动作的能力都非常差。他们不怕头晕，喜欢走固定的路线，喜欢做相同的动作，不喜欢运动。这些能力都可以通过感觉统合训练的方式进行提高和改善。

（4）正确处理自我刺激行为和自伤行为。自闭症患儿容易产生自我刺激行为和自伤行为。当这些行为发生时，首先要消除或减少他们的压力，如减少噪声和过多的视觉刺激，不向他们提出超过他们理解能力的要求和指令，应降低要求和指令的难度，用他们能够接受的沟通方式进行交流。其次，可以给患儿提供符合其年龄特点和病情的刺激，训练他们主动获得这些刺激的技能技巧。

2. 心理干预疗法

（1）行为矫正法。当自闭症患儿表现出一些不当行为的时候，可以用转移注意力的方法使其失去想要去进行不当行为的念头。如发现患儿想要去破坏一个玩具，治疗师可以让患儿帮着做一件事或做他喜欢做的游戏，转移其注意力。

（2）社会生活技能训练法。对那些社会交往能力差的自闭症患儿，可以通过训练他们掌握基本的社会生活技能缓解社会交往障碍。如打电话、买东西、乘车等。

（3）游戏治疗法。针对自闭症患儿的情绪障碍，可以采用游戏治疗法解决他们在情绪上的不安和恐惧，让他们觉得自己所处的世界是轻松愉快的，逐渐走出封闭的世界。

（4）音乐治疗法。自闭症儿童大都有某方面的特殊才能，音乐才能就是其中之一。有研究发现一些自闭症患儿的音乐感知和音乐辨别能力甚至超过了有音乐天分的正常幼儿。所以用音乐刺激患儿的感官，可以开发其大脑，发掘其学习潜能，促进其言语和沟通技能的习得，从而使患儿获得社交情绪的发展，塑造正确行为。

（5）松弛治疗法。将自闭症患儿带入一群能够和治疗者进行交流的幼儿中，活动时不对他们提出任何要求，但可以获得与其他幼儿同样的玩具，使其从心理上改善对陌生环境的不安全感，多次进行后，患儿能够缓解精神压力，并对活动产生兴趣，进而随着环境的变化表现出适当的反应。

3. 药物治疗

在专科医生指导下进行药物治疗。

幼儿自闭症的治疗案例

小A是个6岁的男孩，在家中排行老二，接受过较好的家庭教育，就读于某学前特殊教育中心。语言方面：语言流畅，语速较快，被叫到名字时能够进行回应，但不会注视对方，偶尔会莫名其妙地发笑或自言自语。认知方面：能从1数到20，在特教老师的引导下能数到30，不会写数，能识别自己的名字但不会书写；模仿能力比较强；用蜡笔或马克笔给轮廓图上色的能力较好。情绪行为方面：脾气火爆，当需求没有得到满足时，有时会出现掐自己手腕的自伤行为；做游戏的时间一长，就会表现出不耐烦，不理睬别人的指令的状况；注意力不集中。生活自理方面：能自己如厕，会做简单的自我清理。

诊断

心理治疗师在听完小A的家长和老师的陈述后，通过观看教室监控视频对小A在学前特殊教育中心的活动进行了仔细观察，韦氏学龄前智力测验测得智商为59。在对家长的陈述、对小A观察和测量的基础上做出了“中度自闭症”的诊断，属于性格和情绪问题。

治疗

1. 感觉统合训练

感统训练过程中，小A能自己操作、摆弄感统器材，可以将羊角球放到独木桥上边走边跳，小A的精细动作发展得比较好，但总是自己一个人玩儿。治疗师在训练其他幼儿玩大龙球的时候故意吸引小A的注意，让他知道可以和其他小朋友按照顺序轮流玩。在训练过程中治疗师将具体的每一个步骤都对他进行详细的解释，这样做的目的一方面是训练他的感觉统合，另一方面也加强了他的认知。另外治疗师指导特教老师引导他融入同伴群体中去，在得到训练的同时促进发展他和其他小朋友之间的人际关系。训练过程中小A有时会对某一器材产生偏爱或不听特教老师的指挥，治疗师指导特教老师采用代币法对小A的适宜行为予以强化。

2. 游戏疗法

小A的模仿能力较强，能够在蘑菇钉板上模仿治疗师拼出简单的几何图形。治疗师调动他的积极性，在模仿拼搭的基础上训练其按指令用不同颜色的蘑菇钉进行插拔，边插边数数。这样做一方面巩固了小A对颜色的认识，另一方面又进行了30以内的数数训练，在增强认知能力的基础上增加了和他的语言交流，使他在轻松快乐的氛围中进行活动和学习，减少了自言自语，增强了自信心和自控能力。

3. 音乐治疗法

音乐治疗是近年来兴起的自闭症幼儿的治疗方法。自闭症幼儿可能会拒绝语言，但不拒绝音乐。音乐不仅可以给患儿带来成功感，提供活动的动力，也可以成为语言的提示，训练表达能力。在音乐治疗的过程中，乐曲的选择应符合两个条件：（1）内容丰富，音色具有透明感；（2）音调、响度、音色三方面要有和谐感。自闭症幼儿对音乐有很高的热情，会随着欢快的节奏变得活泼起来。治疗师一边给小A放音乐，一边带他做一些简单的动作，边唱边跳。当小A因活动和游戏太久发脾气时，治疗师也会停下来播放一些舒缓的钢琴曲，帮助他安静下来。

（注：本案例由编者根据真实案例改编。）

第五节 神经功能障碍

神经功能障碍是指中枢神经系统（脑、脊髓）或外周神经疾病及遗传疾病，如脑血管疾病、感染、中毒、外伤、变性、压迫或营养等原因所引起的器质性病变。可表现为肢体瘫痪、感觉障碍、失语、肌肉萎缩、不自主运动等。神经功能障碍在幼儿身上的主要表现是口吃和尿床。

一、幼儿口吃

口吃俗称结巴，是幼儿常见的一种语言障碍。口吃，即说话能力的缺陷，表现在说话时迟缓，发音延长或停顿，不自觉地阻断或阻塞，间歇地重复一个字或一个词，失去正常的说话节律，呈现出特殊的断续性，称之语言流行障碍。

口吃可分为暂时性口吃、良性口吃和永久性口吃。暂时性口吃是一种发育性口吃，随着年龄的增长会逐渐消失；良性口吃需要耐心矫正，一般半年或孩子六岁以后逐渐消失；永久性口吃常作为一种特殊的持续固定的言语形式存在，除非进行持续的有效的矫正，否则保持终生。幼儿口吃主要是良性口吃。发病率约占1%～2%，多起始于2～5岁，一般男孩多于女孩。

（一）幼儿口吃的主要表现

幼儿口吃主要表现为正常的言语节律受阻，不自觉地重复某些字音或字句，发音延长或停顿，伴有跺脚、摇头、挤眼、歪嘴等动作才能费力地将字迸出。患者大多自卑、羞怯、退缩、孤僻、不合群。有的表现为易激怒，情绪不稳。医学上将幼儿口吃分为三个大类：（1）首字难发型。表现为第一个字发音时发不出，第一个字重复，话语中途某字发音障碍。(2)语词重复型。经常出现语音或音节的重复或延长，影响说话的流畅性。(3)语句中断型。因发音－呼吸器官的紧张性痉挛，导致语言节奏失调。96%的幼儿口吃表现为首字难发。多数患儿初期仅有言语症状，部分严重患者可有唇、下颌、颈部肌肉痉挛及舌肌震颤、跺脚、眨眼、转头等因生理紧张而产生的各种伴随动作。部分患儿常易兴奋或激惹，并伴有情绪不稳和睡眠障碍等。

(二)幼儿口吃的主要成因

1. 发展不平衡

在两三岁到七岁之间，随着自我意识的发展，幼儿的表达和表现欲望逐渐增强。但此时由于语言机能尚未发育成熟，他们的思维能力、词汇的掌握和组织句子的能力都在发展阶段，这使他们在表达复杂的思想时感到困难，说话过于急躁、激动或紧张。患儿急于表达，但表达能力却跟不上，思考与说话的速度无法匹配，从而出现较多的口吃现象。

2. 受到惊吓

幼儿时期由于惊吓而口吃的不在少数。有的父母过于严厉，幼儿太过顽皮或做错了某件事时，就对他们厉声地呵斥。尤其是在幼儿说错了某些话时，突然地大声呵斥使他们受到惊吓，从而变得口吃起来。另外，环境的惊吓刺激也可能导致口吃，如父母间的吵闹、发脾气都能使幼儿在语言上突然发生口吃。

3. 精神性口吃

在一些突然引起震惊、恐惧的事件之后，比如遇见某种动物，听了某种鬼怪的故事等，都可能发生口吃，有的受惊恐时马上发生，有的经过缄默阶段才出现。

4. 父母要求过急

幼儿的语言发展有快有慢，有的未满周岁就能说出简单的语言，也有的两岁后还不能找到适当的表达方式，存在很大的差异。有些父母过于心急和敏感，把幼儿学话时犹豫不决或轻度顿挫看作是口吃。当幼儿学话时，作过多的矫正，或进行斥责、嘲笑。父母这些表现会对幼儿产生极大副作用，使他们产生不满和紧张感，口吃现象逐渐加重，形成恶性循环。

5. 强行纠正“左撇子”

大脑两半球的分工和大脑半球的单侧化已成为人们的共识，习惯于使用右手的人优势半球在左侧，习惯于使用左手的人优势半球在右侧。如果父母、幼儿园老师强迫左手优势幼儿（俗称“左撇子”）用右手拿筷子、拿剪刀等，有可能使大脑在形成语言优势半球的过程中出现功能混乱，从而出现口吃。

6. 疾病

有的幼儿若长期患病，也可能使幼儿在病中或病后口吃起来，小儿癫痫、麻疹、热病、肺病、百日咳、猩红热、脓症等，多少都会影响幼儿的呼吸和发音。还有些因外伤而引起口吃的病例，如坠落、脑震荡、碰撞、车祸等，起先不说话，过一段日子便觉得发音困难而口吃起来。

7. 模仿

幼儿时期是人一生中模仿力最强的时期，幼儿不单单喜欢模仿成年人的动作，也喜欢模仿同伴、同学的动作。口吃的感染性很强，幼儿又具有强烈的好奇心，他们与口吃者经常接触，觉得口吃的人说话好玩而模仿，久而久之就容易养成口吃的习惯。还有一种情况是，患儿常年与口吃者一起生活或一起玩耍，时间长了也会不知不觉中形成口吃习惯。

（三）幼儿口吃的治疗方法

1. 帮助患儿建立治愈口吃的信心

首先，父母应为患儿营造一个轻松愉快的生活和语言环境，减轻他们对口吃的关注，还要为幼儿创造经常能与说话流利的幼儿一起玩的机会。治疗师和父母应对与口吃幼儿一起玩的说话流利的幼儿事先进行沟通，请他们尊重口吃的幼儿，不要讥笑、挖苦他们，要给予他们心理支持，帮助他们消除紧张情绪。另外治疗师要与患儿的父母进行沟通，引导他们放下思想包袱，消除家长的紧张情绪，使患儿和父母一起建立治愈口吃的信心。

2. 对幼儿进行针对性的语言纠正训练

主要训练要点：说话平稳（说话时情绪要稳定，肌肉要放松，呼吸要均匀）；说话缓慢（说话时语速要放慢，想好了再说而不是边想边说）；声音清晰（要一个字一个字地发音，一个字一个字地朗读，特别是每句话的第一个字，要轻轻地慢慢地说）；延长元音（ɑ、o、e、i、u 等元音要延长）；平时多练（要在不同的场景中，如在家里、幼儿园里、学校里让幼儿多唱歌、多念儿歌、多讲故事或复述自己感到愉快的事以锻炼说话的连贯性）。

3. 辅助药物治疗

多数患儿不需要进行药物治疗。但对于焦虑症较为严重的口吃患儿，可在医生指导下使用小剂量抗焦虑药物。

4. 支持幼儿多听美好的语言

多给患儿听声音优美、表达流畅、简洁明确的语言，如童话故事、儿童诗等。如果父母能与幼儿一起读、一起讲，效果更佳。

5. 成人耐心与幼儿交流

父母和老师应给患儿多做示范少做纠正，减轻、消除幼儿的心理压力。让患儿在表达的过程中轻松自然地进行自我调节和自我纠正。

6. 成人与患儿交流时放慢语速

在与患儿进行交谈时，如果他们一时没有接上来，不要急于提醒，应让他们自然地往下说，给幼儿营造自然交谈的氛围。让他们在不注意自己有口吃的情况下自然而然地说话。切忌在幼儿说话时不断打断、不断纠正、不断指责。放慢语速可以使患儿听得清楚，使其获得成功感，形成良性循环。

幼儿口吃的治疗案例

小 K 是个性格外向的 5 岁男孩，聪明能干、活泼开朗。和他交往过的成人普遍认为他发音清晰、口齿伶俐，语言表达能力特别强。可是自打春节后开学不久，老师和家长发现小 K 与老师和小朋友说话的时候，有口吃现象，每句话的某一个字音总是拉得很长，让人听起来很不舒服。

诊断

治疗师和家长、老师进行了充分的交流。在询问造成口吃的原因时，小 K 的妈妈回忆，前段时间给他讲故事，小 K 不听话，所以妈妈训斥了他，还进行了威胁，好像自那以后口吃现象就发生了。根据家长的描述、对小 K 的观察和老师对他在园表现的描述，诊断结果为“拖音性口吃”，属于良性口吃。

治疗

首先，运用行为主义治疗的正强化，对口吃患儿的流畅表达进行表扬和鼓励，帮助他们树立自信。治疗开始后，小 K 回答问题非常积极，答案总是和别人不一样，治疗师就多给他机会，对他的回答予以表扬，并引导别的幼儿发现小 K 的优点，和他一起玩儿。时间一长，小朋友们都喜欢和小 K 一起玩，一起阅读。在画画和做手工时，每当完成一件作品时，治疗师会让小 K 拿出自己的作品进行讲解，为他创造一切表现的机会。除此之外，每当和小 K 交流时，治疗师都会暗示他不要太用力，要放低音量，慢慢说，当说一句话的第一个字时，对他进行诱导，指导他缓慢地、轻轻地发出音，并逐渐变响，然后过渡到第二个字。在日常生活中，教育其他小朋友多帮助他，多和他交谈，提醒其他小朋友对小K的口吃不嘲笑或模仿。

其次，争取家长的配合。治疗师指导小K的妈妈，在家里给小K创造一个愉快、安定的氛围，消除他的精神负担，当孩子口吃现象发生时，做到不训斥，引导孩子放慢速度说话，随心所欲表达，积极给孩子提供安慰和鼓励，同时减少小K口吃行为时的有意注意，多给孩子提供听故事、讲故事的机会，增强孩子克服口吃的自信。

通过治疗师、老师和家长的密切配合，经过一个多月的努力，小K的口吃现象慢慢地消失了，他又能像以前一样流畅、连贯地说话了。

（注：本案例由编者根据真实案例改编。）

二、幼儿遗尿症

幼儿膀胱的容量较小，黏膜柔嫩，肌肉层弹力纤维发育还不够，储尿功能差。因此，年龄越小排尿次数越多。一般1岁半的幼儿可以养成控制排尿的习惯，但是由于中枢神经系统发育不完善，幼儿在摄入大量食物或饮料后，加上过度疲劳、环境变化和精神刺激等影响，会出现遗尿现象。国际尿控协会和国际疾病分类（ICD-10）指出，儿童大于5岁，每月出现尿床且持续3个月以上，可以称之为遗尿症。我国儿童遗尿症的发病率低于欧美国家，但也呈现了上升的趋势，逐渐接近欧美国家发病水平。目前国内3岁幼儿遗尿症发病率为50%，5～7岁幼儿遗尿症发病率已超过10%，15岁有1%～2%，每年的自我缓解率为15%，随年龄增长下降，但是仍有0.5%～2%的儿童症状持续至成年。

（一）幼儿遗尿症的主要症状

（1）睡着难以叫醒，不能自己控制排尿。

（2）遗尿时可以把整泡尿撒在床上而全然不知。

（3）部分尿后会醒，醒后再尿出大量尿液。

（4）日间常伴有尿急、尿频或排尿困难、尿滴沥、尿细流等状况。

（二）幼儿遗尿症的主要成因

1. 遗传因素

如果患儿的双亲中都有遗尿遗传史，其后代遗尿的发生率达到77%。如果双亲中一人有遗传史，子代遗尿发生率为25%。

2. 精神因素

患儿白天玩耍过于兴奋、过于疲劳容易引起遗尿；精神遭受强烈刺激，如受到惊吓也容易引起遗尿；另外，因情绪焦虑、紧张不安，遗尿后受到父母呵斥、嘲笑、体罚等容易引起遗尿反复出现。

3. 疾病和生理因素

尿路感染、肾脏疾病、尿道口局部感染、脊柱裂、脊髓损伤、大脑发育不全、膀胱容积过小等原因均可引起遗尿。从总体上看因疾病引起的遗尿所占比例不高。

4. 排尿习惯不好

家长没有及时训练幼儿养成定时排尿的良好习惯。

5. 幼儿睡眠程度过深难以唤醒

幼儿在深度睡眠的情况下，当膀胱中有尿时，尿意不能及时传达给大脑，导致幼儿夜间不能觉醒，无法自觉排尿。

6. 环境因素

气候变化，尤其是变冷、突然变更居住环境，容易导致幼儿因环境变化无法迅速适应而遗尿。另外，幼儿睡觉之前饮水过多也是造成遗尿的重要原因。

（三）幼儿遗尿症的治疗方法

1. 一般治疗

养成良好的作息和卫生习惯，避免过度劳累疲乏。掌握幼儿排尿的时间和规律，可以在夜间唤醒患儿起床排尿 1 ～ 2 次。白天睡 1 ～ 2 小时，避免过度兴奋和剧烈运动，以防止夜间睡眠过深。在治疗过程中，应鼓励患儿树立信心，纠正害羞、焦虑、恐惧、畏缩情绪和行为，保护好他们的自尊心，多鼓励，少斥责，减轻其心理负担。正确处理好引起遗尿的精神因素，从病史中了解遗尿的精神诱因和心理矛盾，耐心地与患儿进行沟通和解释，消除他们的精神紧张和不安情绪。晚饭后避免饮水，睡前排空尿液。

2. 行为疗法

（1）排尿中断训练。鼓励幼儿在每次排尿过程中中断排尿，然后从 1 数到 10，再把尿排尽，以此训练并提高膀胱括约肌的控制能力。

（2）忍尿训练。白天让幼儿多饮水，当有尿意时让患儿忍住，每次忍尿不超过 10 分钟，每天训练 1 ～ 2 次，以达到扩张膀胱、增大容量的作用，减少排尿次数。

（3）定时训练。根据以往晚间容易遗尿的时间，提前半小时用闹钟叫醒或由成人叫醒患儿，让其在室内来回走动、用冷水洗脸，使其在清醒状态下把尿排尽，反复训练形成条件反射。如发现幼儿已尿床，督促其自己排空残余尿液，更换内裤床单。

3. 药物治疗

可以在医生的指导下，使用药物增加大脑皮层的兴奋性，使患儿膀胱充盈时容易觉醒；使用药物减轻膀胱不协调收缩。

4. 物理疗法

可采用闹钟定时促醒，采用针灸、按摩等方法。

第六节　一般行为偏异

一、幼儿性别倒错

性别倒错是指一个人心理上的性别认同与生物学上的性别不吻合，即生物学上确定性别的男性或女性，却强烈地认为自己属于异性[①]。

（一）幼儿性别倒错的具体表现

持续性地向往异性的服饰；对异性感兴趣，不喜欢和同性在一起；长期认同异性，比如小男孩经常告诉别人“我是女孩儿”；经常表现出异性的仪态、声调、姿势等，而且在外界压力下仍无法克服，经常不被同伴接受。

（二）幼儿性别倒错的产生原因

幼儿性别倒错产生可能与其染色体异常或性激素异常有关，男孩的女性荷尔蒙分泌太多或女孩的男性荷尔蒙分泌太多都会产生异性化的行为，但是，这些遗传因素影响的比例并不大。家庭早期不当的养育方式才是造成幼儿性别倒错的主要原因。

1. 父母错误的性别角色期望

幼儿期是性别角色形成的关键时期。由于幼儿本身缺乏生活经验，思维还处于较低的发展水平，缺乏理智的判断能力，外界的引导对他们起着决定性的作用。父母如果特别喜欢某种性别，就会把幼儿刻意塑造成他们喜欢的性别模样，培养他们符合该性别的性格特征，久而久之，就会形成“性别倒错”。

---

① 刘维良. 幼儿心理健康教育［M］. 北京：华文出版社，2004：126.

2. 有缺陷的家庭结构

幼儿是通过父母来认识自己的性别的。在家庭中，如果父母为幼儿提供了典型的男性信息和女性信息，幼儿就会很自然地认同自己的同性父母并受他们潜移默化的影响。但是，如果父母一方早逝、离异或缺失，幼儿会因为家中缺乏同性角色，无法进行相应的模仿而形成固化的性别偏差。

3. 不当的养育方式

良好的亲子关系应该是父母共同关心、爱护子女。如果父与女、母与子之间的关系过于密切，以至于剥夺了幼儿同同性别父亲或母亲相处的机会，也会造成幼儿的性别倒错。在青春期，如果父母能够付出耐心和信心进行纠正，性别倒错可以获得良好的改善。

（三）幼儿性别倒错的矫正方法

1. 家长对幼儿有正确的性别期望

父母应该根据幼儿的性别，坦诚地用浅显、简单、明确的语言告诉幼儿男女两性的区别，鼓励幼儿的同性行为表现。

2. 培养幼儿的性别辨认意识

幼儿成长到 2 岁半～ 3 岁，通常开始知道自己是男孩还是女孩。3 岁以后，会通过一些外在特征，如头发的长短、衣服的花色进行性别辨别。父母应明确地告诉幼儿男女两性在生理结构上的不同，从幼儿期就开始进行性教育，并对幼儿在名字、仪表、玩具等方面进行有意识的性别教育，帮助他们形成性别观念。

3. 引导幼儿形成正确性别认同

父母决不能在幼儿面前进行性别优劣的比较，更不能替代对方给幼儿进行性别影响和教育。如实在无法保证家庭中父母的双性别，应从亲友中找一位替代对象与幼儿建立联系，以引导其形成正确性别认同。

4. 强化幼儿正确的性别行为

幼儿大约到 3 岁形成性别角色。成人对于幼儿做出符合其性别的行为，应及时给予表扬，做出不符合其性别的行为时应予以提示纠正。

二、幼儿习惯性阴部摩擦

幼儿习惯性阴部摩擦是指幼儿摩擦会阴部（外生殖器区域）的习惯动作。一般 2 岁以后多见，女孩多于男孩，在幼儿中的发生率为 1.1%。

（一）习惯性阴部摩擦的具体表现

习惯性阴部摩擦在婴儿期发作的主要表现为在家长怀抱中两腿交叉内收进行擦腿动作；幼儿表现为两腿骑跨在凳子上或大型玩具上摩擦外生殖器。此时幼儿两颊泛红，双眼凝视，呼唤不理，如强行制止会引起幼儿的不满、反对甚至发脾气。多发生于入睡前或醒后赖床及单独玩耍时。

（二）习惯性阴部摩擦的产生原因

幼儿生殖器局部不洁或患有疾病，引起阴部瘙痒，促使幼儿用手去摩擦阴部或用其他方式摩擦阴部以达到止痒的目的，久而久之形成习惯。由于幼儿精神紧张，或觉得性器官好玩，经常抚弄，逐渐形成习惯。

（三）习惯性阴部摩擦的治疗

家长和老师不必紧张或焦虑，更不能责骂或惩罚幼儿，应找出原因并积极治疗。让幼儿感到疲倦后再上床睡觉，早晨叫醒后立即起床，消除出现习惯性阴部摩擦动作的诱因，不穿紧身内裤，不要穿得太暖。发现此种行为时，应以和善的态度让其站立或开始做其他事情，转移他们的注意力，幼儿两大腿交叉时，家长要用手将其分开，转移注意力以终止其不良行为。积极培养幼儿良好的卫生习惯，勤洗阴部，防止局部疾病和感染。切记不要训斥、讥笑、羞辱、恐吓幼儿，鼓励他们参加集体活动和体育锻炼。

本章小结

本章简要介绍了注意缺陷多动障碍、感觉统合失调、社会行为问题、性格和情绪行为问题、神经功能障碍、一般行为偏异等六类幼儿常见心理问题的基本概念、症状表现、形成原因、治疗方法和治疗案例，帮助学生了解幼儿心理咨询与治疗的具体操作。

同步练习

一、名词解释

1. 注意缺陷多动障碍

2. 感觉统合失调
3. 攻击性行为
4. 幼儿恐惧症
5. 幼儿自闭症
6. 幼儿口吃
7. 幼儿遗尿症
8. 幼儿性别倒错
9. 幼儿习惯性阴部摩擦

二、简答题

1. 简述幼儿注意缺陷多动障碍的形成原因。
2. 简述幼儿感觉统合失调的主要成因。
3. 简述幼儿自闭症的主要成因。
4. 简述幼儿恐惧症的主要成因。

三、思考题

1. 为何应坚持医教结合的原则开展幼儿常见心理问题的综合治疗？
2. 幼儿常见心理问题治疗方法有哪些共性要求与特殊要求？
3. 幼儿父母在幼儿常见心理问题治疗过程中有哪些主要职责与注意事项？

参考文献

[1] 刘维良. 幼儿心理健康教育 [M]. 北京：华文出版社，2004.

[2] 王振宇. 学前儿童发展心理学 [M]. 北京：人民教育出版社，2004.

[3] 李桂英. 学前儿童心理发展与咨询辅导 [M]. 北京：经济管理出版社，2012.

[4] 张日昇. 咨询心理学 [M]. 2 版. 北京：人民教育出版社，2009.

[5] 钱铭怡. 心理咨询与心理治疗 [M]. 北京：北京大学出版社，2016.

[6] 徐光兴. 心理咨询与治疗——临床心理学的理论与技术 [M]. 3 版. 上海：上海教育出版社，2017.

[7] 傅宏. 儿童心理咨询与治疗 [M]. 2 版. 南京：南京师范大学出版社，2015.

[8] 卡杜森，谢福. 儿童短程游戏心理治疗 [M]. 刘稚颖，译. 北京：中国轻工业出版社，2002.

[9] 郭念锋. 国家职业资格培训教程：心理咨询师（基础知识）[M]. 北京：民族出版社，2011.

[10] 郭念锋. 国家职业资格培训教程：心理咨询师（三级）[M]. 北京：民族出版社，2011.

[11] 朱婷婷. 儿童行为治疗 [M]. 南京：江苏凤凰教育出版社，2010.

[12] 王晓萍. 儿童游戏治疗 [M]. 南京：江苏凤凰教育出版社，2010.

[13] 陶琳瑾. 儿童艺术治疗 [M]. 南京：江苏凤凰教育出版社，2010.

[14] 季秀珍. 儿童阅读治疗 [M]. 南京：江苏凤凰教育出版社，2010.

[15] 王波. 阅读疗法 [M]. 北京：海洋出版社，2014.

[16] 郑爱明. 儿童家庭治疗 [M]. 南京：江苏凤凰教育出版社，2010.

[17] 卡伦. 叙事医学：尊重疾病的故事 [M]. 郭莉萍，译. 北京：北京大学医学出版社有限公司，2015.

［18］郭莉萍．叙事医学［M］．北京：人民卫生出版社，2020．

［19］佩恩．叙事疗法［M］．曾立芳，译．北京：中国轻工业出版社，2012．

［20］詹妮弗·弗里曼，大卫·艾普斯顿，迪安·罗勃维兹．儿童叙事治疗［M］．田文惠，译．北京：世界图书出版公司，2009．

［21］迈克尔·怀特．叙事疗法实践地图（修订版）［M］．李明，曹杏娥，党静雯，译．重庆：重庆大学出版社，2019．

［22］黄鸣奋．位置叙事学：移动互联时代的艺术创意（三卷本）［M］．北京：中国文联出版社，2017．

附　录

一、阿肯巴克儿童行为量表（CBCL）

阿肯巴克儿童行为量表（Achenbach's Child Behavior Checklist，简称 CBCL)，是儿童行为诊断量表中应用较广、包含内容较丰富全面的一种，适用于 4 ～ 16 岁儿童和青少年。这一量表引进我国后，经忻仁娥等通过调查制定出中国常模，修订成中国标准化的 Achenbach 儿童行为量表。

CBCL 主要用于筛查儿童社会适应的行为问题，运用 CBCL 可以检查出儿童在行为方面可能存在的问题以及这些问题对儿童的影响程度。

CBCL 量表由三部分构成：

1. 一般项目，包括姓名、性别、年龄、出生日期、种族、填表日期、年级、父亲职业、母亲职业、填表人（父、母、其他）。

2. 社会能力，包括七大类：参加体育运动情况、课余爱好、参加集体（组织）情况、课余职业或劳动、交友情况、与家人及其他小孩相处情况、在校学习情况。这部分内容又被归纳为活动情况、社会情况及学校情况三个因子。

3. 行为问题，包括 113 条，被归纳为以下因子：内向、外向、分裂样、抑郁、不合群、强迫、躯体主诉、社会退缩、多动、攻击、违纪。

CBCL 的使用方法：

1. CBCL 是家长问卷，由就诊儿童的父母根据儿童最近半年内的表现填写。回答问卷可个别进行，也可团体进行。在填写过程中，家长有问题可随时提出，调查人员或诊断人员负责解答。

2. 记分方法。第一部分的项目不记分。第二部分的项目除个别条目外，均需记分。其计分方法是只要存在相应的行为问题，即记 1 分，否则记 0 分，最后计算各因子得分。

3. 评价方法。主要包括两项。一是行为问题儿童的检出：按 CBCL 中国标准化版制定的筛查常模，凡有一个因子或一个以上因子总分超过第 95 百分位者，即被定为有行为问题的儿童。

二是行为问题的性质确诊：在某一因子上总分超过该因子常模水平者，可看作在该因子上有行为问题。

常模标准参见：忻仁娥．Achenbach's 儿童行为量表中国标准化．上海精神医学，1992，4（1）.

CBCL 儿童行为表

（家长填写，适用于 4 ～ 16 岁儿童）

译者说明：1. 原表用的是大规格纸张，许多项目平列横排，为适应国内常用 16 开纸的情况，改为上下排列，内容未变。2. 各项目后有横线者请用文字填写；有小方框者，请在相应的方框内打 ×。3. 本表内容可分为三个部分，翻译时加了“第一部分……”等三个大标题。4. 在个别项目内加了“译注”，以便使用。

第一部分：一般项目

儿童姓名：____________ 性别：男□ 女□

年龄：________________ 出生日期：____________

年级：________________ 种族：________________

父母职业（请填具体，例如，车工、鞋店售货员、主妇等）

父亲职业：____________ 母亲职业：____________

填表者：父□，母□，其他人□：

填表日期：____年__月__日

第二部分：社会能力

Ⅰ.（1）请列出你的孩子最喜爱的体育运动项目（例如，游泳、棒球等）：

无爱好□

爱好：a. ________________________

b. ________________________

c. ________________________

（2）与同龄儿童相比，他（她）在这些项目上花多少时间？

不知道	较少	一般	较多
□	□	□	□

（3）与同龄儿童相比，他（她）的运动水平如何？

不知道	较低	一般	较高
□	□	□	□

Ⅱ.（1）请列出你的孩子在体育运动以外的爱好（例如，集邮、看书等）：

无爱好□

爱好：a. ______________________

b. ______________________

c. ______________________

（2）与同龄儿童相比，他（她）花在这些爱好上的时间是多少？

不知道	较少	一般	较多
□	□	□	□

（3）与同龄儿童相比，他（她）的爱好水平如何？

不知道	较低	一般	较高
□	□	□	□

Ⅲ.（1）请列出你的孩子参加的组织、俱乐部、团体或小组的名称：

未参加□

参加：a. ______________________

b. ______________________

c. ______________________

（2）与同龄的参加者相比，他（她）在这些组织中的活跃程度如何？

不知道	较低	一般	较高
□	□	□	□

Ⅳ.（1）请列出你的孩子有无干活或打零工的情况（例如，送报、帮人照顾小孩、帮人打扫卫生等）：

没有□

有：a. ______________________

b. ______________________

c. ______________________

（2）与同龄儿童相比，他（她）工作质量如何？

不知道	较差	一般	较好
□	□	□	□

Ⅴ.（1）你的孩子有几个要好的朋友？

无	1 个	2 ～ 3 个	4 个及以上
□	□	□	□

（2）你的孩子与这些朋友每星期大概在一起几次？

不到一次	1 ～ 2 次	3 次及以上
□	□	□

Ⅵ. 与同龄儿童相比，你的孩子在下列方面表现如何？

	较差	差不多	较好
a. 与兄弟姐妹相处	□	□	□
b. 与其他儿童相处	□	□	□
c. 对父亲的行为	□	□	□
d. 自己的工作和游戏	□	□	□

Ⅶ.（1）当前学习成绩（对 6 岁以上儿童而言） 未上学□

	不及格	中等以下	中等	中等以上
a. 阅读课	□	□	□	□
b. 写作课	□	□	□	□
c. 算术课	□	□	□	□
d. 拼音课	□	□	□	□
其他课（如历史、地理、常识、外语等）				
e. ______	□	□	□	□
f. ______	□	□	□	□
g. ______	□	□	□	□

（2）你的孩子是否在特殊班级？

不是□

是 □，什么性质？ ____________________

（3）你的孩子是否留级？

没有□

有 □，几年级留级？ __________________

留级理由：________________________

（4）你的孩子在学校里有无学习或其他问题（不包括上面三个问题）：

没有 □

有问题□，问题内容：________________

问题何时开始：____________________

问题是否已解决？

未解决□

已解决□，何时解决：________________

第三部分：行为问题

Ⅷ. 以下是描述你的孩子的项目。只根据最近半年内的情况描述。每一项目后面都有三个数字（0，1，2）。如孩子明显有或经常有此项表现，圈 2；如无此项表现，圈 0。

1. 行为幼稚，与其年龄不符	0	1	2
2. 过敏性症状（填具体表现）	0	1	2
3. 喜欢争论	0	1	2
4. 哮喘病	0	1	2
5. 举动像异性	0	1	2
6. 随地大便	0	1	2
7. 喜欢吹牛或自夸	0	1	2
8. 精神不能集中，注意力不能持久	0	1	2
9. 老是想某些事物不能摆脱，有强迫观念（说明内容）	0	1	2
10. 坐立不安，活动过多	0	1	2
11. 喜欢缠着打人或过分依赖	0	1	2
12. 常说感到寂寞	0	1	2
13. 糊里糊涂，如在云里雾里	0	1	2
14. 常常哭叫	0	1	2
15. 虐待动物	0	1	2
16. 虐待、欺侮别人或吝啬	0	1	2
17. 好做白日梦或呆想	0	1	2
18. 故意伤害自己或企图自杀	0	1	2
19. 需要别人经常注意自己	0	1	2

20. 破坏自己的东西	0	1	2
21. 破坏家里或其他儿童的东西	0	1	2
22. 在家不听话	0	1	2
23. 在校不听话	0	1	2
24. 不肯好好吃饭	0	1	2
25. 不与其他儿童相处	0	1	2
26. 有不良行为后不感到内疚	0	1	2
27. 易嫉妒	0	1	2
28. 吃喝不能作为食物的东西（说明内容）	0	1	2
29. 除怕上学外，还害怕某些动物、处境或地方（说明内容）	0	1	2
30. 怕上学	0	1	2
31. 怕自己有坏念头或做坏事	0	1	2
32. 觉得自己必须十全十美	0	1	2
33. 觉得或抱怨没有人喜欢自己	0	1	2
34. 觉得别人存心捉弄自己	0	1	2
35. 觉得自己无用或有自卑感	0	1	2
36. 身体经常弄伤，容易出事故	0	1	2
37. 经常打架	0	1	2
38. 常被人戏弄	0	1	2
39. 爱和出麻烦的儿童在一起	0	1	2
40. 听到某些实际上没有的声音（说明内容）	0	1	2
41. 冲动或行为粗鲁	0	1	2
42. 喜欢孤独	0	1	2
43. 撒谎或欺骗	0	1	2
44. 咬指甲	0	1	2
45. 神经过敏，容易激动或紧张	0	1	2
46. 动作紧张或带有抽动性（说明内容）	0	1	2
47. 做噩梦	0	1	2
48. 不被其他儿童喜欢	0	1	2
49. 便秘	0	1	2
50. 过度恐惧或担心	0	1	2

51. 感到头昏 0 1 2
52. 过分内疚 0 1 2
53. 吃得过多 0 1 2
54. 过分疲劳 0 1 2
55. 身体过重 0 1 2
56. 找不出原因的身体症状：
   a. 疼痛 0 1 2
   b. 头痛 0 1 2
   c. 恶心想吐 0 1 2
   d. 眼睛有问题（说明内容） 0 1 2
   e. 皮疹或其他皮肤病 0 1 2
   f. 腹部疼痛或绞痛 0 1 2
   g. 呕吐 0 1 2
   h. 其他（内容） 0 1 2
57. 对别人身体进行攻击 0 1 2
58. 挖鼻孔、皮肤或身体其他部分（说明内容） 0 1 2
59. 公开玩弄自己的生殖器 0 1 2
60. 过多地玩弄自己的生殖器 0 1 2
61. 功课差 0 1 2
62. 动作不灵活 0 1 2
63. 喜欢和年龄较大的儿童在一起 0 1 2
64. 喜欢和年龄较小的儿童在一起 0 1 2
65. 不肯说话 0 1 2
66. 不断重复某些动作，有强迫行为（说明内容） 0 1 2
67. 离家出走 0 1 2
68. 经常尖叫 0 1 2
69. 守口如瓶，有事不说出来 0 1 2
70. 看到某些实际上没有的东西（说明内容） 0 1 2
71. 感到不自然或容易发窘 0 1 2
72. 玩火 0 1 2
73. 性方面的问题（说明内容） 0 1 2

74. 夸耀自己或胡闹	0	1	2
75. 害羞或胆小	0	1	2
76. 比大多数孩子睡得少	0	1	2
77. 比大多数孩子睡得多（说明多多少——不包括赖床）	0	1	2
78. 玩弄粪便	0	1	2
79. 言语问题（说明内容。译注：口齿不清）	0	1	2
80. 茫然凝视	0	1	2
81. 在家偷东西	0	1	2
82. 在外偷东西	0	1	2
83. 收藏不需要的东西（说明内容——不包括集邮等爱好）	0	1	2
84. 怪异行为（说明内容）	0	1	2
85. 怪异想法（说明内容——不包括其他条已提及的）	0	1	2
86. 固执、绷着脸或容易激怒	0	1	2
87. 情绪突然变化	0	1	2
88. 常常生气	0	1	2
89. 多疑	0	1	2
90. 咒骂或讲粗话	0	1	2
91. 声言要自杀	0	1	2
92. 说梦话或有梦游（说明内容）	0	1	2
93. 话太多	0	1	2
94. 常戏弄他人	0	1	2
95. 乱发脾气或脾气暴躁	0	1	2
96. 对性的问题想得太多	0	1	2
97. 威胁他人	0	1	2
98. 吮吸大拇指	0	1	2
99. 过分要求整齐清洁	0	1	2
100. 睡眠不好（说明内容）	0	1	2
101. 逃学	0	1	2
102. 不够活跃，动作迟钝或精力不足	0	1	2
103. 闷闷不乐，悲伤或抑郁	0	1	2
104. 说话声音特别大	0	1	2

105. 喝酒或使用成瘾药（说明内容）	0	1	2
106. 损坏公物	0	1	2
107. 白天遗尿	0	1	2
108. 夜间遗尿	0	1	2
109. 爱哭诉	0	1	2
110. 希望成为异性	0	1	2
111. 孤独、不合群	0	1	2
112. 忧虑重重	0	1	2
113. 请写出你的孩子存在的但上面未提及的其他问题：________________	0	1	2

二、Conners 父母症状问卷（PSQ）

Conners 父母症状问卷（Parent Symptom Questionnaire，PSQ）主要用于评估儿童行为问题，特别是儿童多动症，适用于 3 ～ 17 岁儿童和青少年。目前常用有焦虑、冲动－多动、身心问题、学习问题和品行问题等 5 个因子，包括 48 项。

按 4 级评分：0 分－没有；1 分－偶尔出现；2 分－经常出现；3 分－非常多。将各分量表的单项分相加，除以该分量表的条目数，即得到该分量表分。任何一个分量表分高于同年龄同性别儿童平均值加 2 个标准差，即认为有该项问题。

Conners 父母症状问卷（PSQ）

	没有	偶尔出现	经常出现	非常多
1. 某种小动作（如咬指甲、吸手指、拉头发、拉衣服上的布毛）	0	1	2	3
2. 对大人粗鲁无礼	0	1	2	3
3. 在交朋友或保持友谊上存在问题	0	1	2	3
4. 易兴奋、易冲动	0	1	2	3
5. 爱指手画脚	0	1	2	3
6. 吸吮或咬嚼（拇指、衣服、毯子）	0	1	2	3
7. 容易或经常哭叫	0	1	2	3
8. 脾气很大	0	1	2	3
9. 爱做白日梦	0	1	2	3
10. 学习困难	0	1	2	3

11. 扭动不发	0	1	2	3
12. 惧怕（新环境、陌生人、陌生地方、上学）	0	1	2	3
13. 坐立不定，经常“忙碌”	0	1	2	3
14. 破坏性	0	1	2	3
15. 撒谎或捏造情节	0	1	2	3
16. 怕羞	0	1	2	3
17. 造成的麻烦比同龄孩子多	0	1	2	3
18. 说话与同龄儿童不同（像婴儿一样说话、口吃、语言难以理解）	0	1	2	3
19. 抵赖错误或归罪他人	0	1	2	3
20. 好争吵	0	1	2	3
21. 噘嘴和生气	0	1	2	3
22. 偷窃	0	1	2	3
23. 不服从或勉强服从	0	1	2	3
24. 忧虑比别人多（忧虑、孤独、疾病、死亡）	0	1	2	3
25. 做事有始无终	0	1	2	3
26. 感情易受伤害	0	1	2	3
27. 欺凌别人	0	1	2	3
28. 不能停止重复性活动	0	1	2	3
29. 残忍	0	1	2	3
30. 稚气或不成熟（自己会的事也要别人做，纠缠成人，常需要别人鼓励、支持）	0	1	2	3
31. 容易分心或注意力不集中	0	1	2	3
32. 头痛	0	1	2	3
33. 情绪变化迅速剧烈	0	1	2	3
34. 不喜欢或不遵从纪律或约束	0	1	2	3
35. 经常打架	0	1	2	3
36. 与兄弟姐妹不能很好相处	0	1	2	3
37. 在努力中容易泄气	0	1	2	3
38. 妨害其他儿童	0	1	2	3
39. 基本上是一个不愉快的小孩	0	1	2	3
40. 有饮食问题（食欲不佳、进食中常跑开）	0	1	2	3

41. 胃痛	0	1	2	3
42. 有睡眠问题（不能入睡、早醒、夜间起床）	0	1	2	3
43. 其他疼痛	0	1	2	3
44. 呕吐或恶心	0	1	2	3
45. 感到在家庭圈子中被欺骗	0	1	2	3
46. 自夸和吹牛	0	1	2	3
47. 让自己受别人欺骗	0	1	2	3
48. 有大便问题（腹泻、排便不规则、便秘）	0	1	2	3